U0157394

零基础学C语言

范 萍 丁振凡 刘媛媛 ◎编著

中国水利水电出版社
www.waterpub.com.cn

· 北京 ·

内 容 提 要

《零基础学 C 语言》系统全面地讲解了 C 语言程序设计的基础知识和编程应用，全书共 12 章，包括 C 语言简介、数据类型与变量、数据的输入 / 输出、表达式与运算符、顺序结构与选择结构、循环结构程序设计、数组、函数与编译预处理、指针、枚举类型和结构体、文件读 / 写访问、C 语言典型案例分析，内容安排由浅入深，语言通俗易懂，注重启发教学。

《零基础学 C 语言》内容覆盖了全国计算机等级考试二级 C 语言的考试大纲要求，样例选择兼顾知识性、实用性和趣味性，并配有大量的习题和上机实验课程安排，利于培养学生的动手编程和解决实际问题的能力。本书提供全书实例的源码、PPT 教学课件、课后习题与答案、慕课视频教学，方便学校教学和初学者自学。

《零基础学 C 语言》适合作为高等院校非计算机专业 C 语言程序设计课程的教材，也可供广大编程爱好者自学。

图书在版编目（CIP）数据

零基础学 C 语言 / 范萍，丁振凡，刘媛媛编著 .
-- 北京 : 中国水利水电出版社，2021.7

ISBN 978-7-5170-9241-4

Ⅰ . ①零… Ⅱ . ①范… ②丁… Ⅲ . ① C 语言—程序设计 Ⅳ . ① TP312.8

中国版本图书馆 CIP 数据核字 (2020) 第 251154 号

书　　名	零基础学 C 语言 LING JICHU XUE C YUYAN
作　　者	范萍　丁振凡　刘媛媛　编著
出版发行	中国水利水电出版社 （北京市海淀区玉渊潭南路 1 号 D 座　100038） 网址：www.waterpub.com.cn E-mail：zhiboshangshu@163.com 电话：(010) 62572966-2205/2266/2201（营销中心）
经　　售	北京科水图书销售中心（零售） 电话：(010) 88383994、63202643、68545874 全国各地新华书店和相关出版物销售网点
排　　版	北京智博尚书文化传媒有限公司
印　　刷	北京瑞斯通印务发展有限公司
规　　格	190mm×235mm　16 开本　18 印张　433 千字
版　　次	2021 年 7 月第 1 版　2021 年 7 月第 1 次印刷
印　　数	0001—5000 册
定　　价	69.80 元

前　言

C 语言是一种通用的、面向过程的计算机程序设计语言。C 语言诞生于 1972 年，可谓历史悠久，但直到今天，C 语言仍然是一种被广泛应用的计算机程序设计语言。

C 语言在其发展过程中出现了多个标准，从 C89 标准到 C90、C99 及 C11 标准。虽然，C99 标准已经推出 20 年，但是对它的支持发展很慢，相当多的 C 语言程序员依然使用 C89 标准提供的 C 语言特性，原因是很多开发环境（包括本书采用的 Visual C++6.0 开发环境）仍然是仅支持 C89 标准。因此，本书代码编写仍然采用 C89 标准的风格。但在一些内容描述中对新版的支持进行了【版本更新】补充说明。

本书内容

本书覆盖了全国计算机等级考试二级 C 语言的知识体系要求，全书共 12 章。

第 1 章介绍 C 语言程序的调试过程和基本构成；

第 2 章介绍基本数据类型与变量；

第 3 章介绍数据的输入 / 输出；

第 4 章介绍表达式与运算符；

第 5 章介绍顺序结构与选择结构；

第 6 章介绍循环结构程序设计；

第 7 章介绍数组的应用；

第 8 章介绍函数与编译预处理；

第 9 章介绍指针；

第 10 章介绍枚举类型和结构体；

第 11 章介绍文件读 / 写访问；

第 12 章对 C 语言的典型项目设计案例进行分析。

如何学好 C 语言

首先，必须掌握语言的基本语法规则。

其次，要尽可能熟悉 C 语言的库函数。

此外，软件设计是一个创造性的工作，只有经过严格系统的训练，才能提高自己的编程能力。亲自动手编程并上机调试，是提高编程能力的最好途径。

最后，代码的规范化以及适当添加注释也是提高软件的效率和可维护性的重要保证。

　　程序设计课程的根本教学目标是培养学生的逻辑思维能力和代码组织能力，代码设计要做到算法清晰、代码规范，同时也要考虑在运行和存储效率上的优化。为此，书中很多案例从多个角度对解题方法进行对比分析，从而让读者能够在模仿案例和分析思考中逐步提高自己的计算机编程的逻辑思维能力。希望读者能够熟练掌握常见问题的解决方法，以便遇到类似问题时能够快速写出代码。

本书特点

（1）实例教学，注重启发引导

　　全书应用大量实例引导教学，实例程序中加入了必要的注释，并通过【说明】【注意】【思考】等提示性信息引导读者反思，同时在适当位置增加了【重点提醒】【难点辨析】等重难点提示与解析。

（2）与全国计算机等级考试二级 C 语言的考试要求融合

　　全书安排了大量实例、课后习题及上机实验的设计题，知识点的安排力求符合等级考试要求。

（3）样例精选，方便开展深度学习

　　实例的选择兼顾知识性、趣味性和挑战性。有些实例是竞赛试题，有些是游戏类应用，不仅可以让读者体会到学习的乐趣，还可以扩展编程解题思维。【趣味问题】【深度思考】则引导读者进行深度学习思考，在解决问题中提升编程能力。

（4）内容全面，重点突出

　　本书内容全面，对知识点的讲解力求通俗易懂，对重点、难点和读者可能产生困惑的地方则进行了系统详细的阐述，让读者不仅知其然，还知其所以然。

（5）配套资源完善，让学习更深入

　　本书配套资源完善，提供全书实例的源码、PPT 教学课件、课后习题与答案、MOOC 视频教学，方便学校教学和初学者自学。

本书资源下载及服务

　　为方便读者学习，本书提供所有实例的源码，课后习题答案、教学 PPT 课件和MOOC 在线视频教学，读者可扫描右侧的公众号二维码，输入 C09241 获取下载链接。

　　读者可加入 QQ 群 136932469，与广大读者进行在线学习交流。

本书教学安排及编者

　　本书可以作为高等院校非计算机专业开设 C 语言程序设计课程的教材，也可作为广大编程爱好者学习 C 语言的自学用书。教学的课时安排以 48～64 学时为宜，其中上机实验占三分之一学时。

　　本书由华东交通大学范萍、丁振凡、刘媛媛编写，其中，刘媛媛编写第 1 章，丁振凡编写第2～3 章，范萍编写第 4～12 章。同时提供与本书配套的有教学 PPT，以及 MOOC 在线教学视频。

　　由于编者水平所限，加之时间仓促，疏漏和错误之处在所难免，恳请读者批评指正。

编　者

目　　录

第 1 章　C 语言简介

本章知识目标：

❑　了解 C 语言的发展和特点。

❑　了解 C 语言程序的基本组成。

❑　熟悉 C 语言程序的调试步骤与工具的使用。

❑　了解 C 语言的基本符号。

计算机已经成为现代社会不可缺少的工具，特别是随着计算机网络信息技术的发展，计算机广泛应用于各行各业，计算机的应用离不开计算机程序的编写，计算机程序就是将解题步骤用计算机语言来表达。

1.1　C 语言的发展及特点

1.1.1　程序设计语言的基本概念

计算机信息处理的两个中心问题是数据在计算机内的表示以及解题算法。数据的表示通常称为数据结构，数据结构是从如何组织被处理的信息对象的角度进行数据表示的抽象，在程序设计语言中用数据类型来表达不同类型的数据。算法就是解决如何做的问题，它体现程序的执行流程。Pascal 语言的发明者沃思（Niklaus Wirth）提出了著名的程序公式：

$$程序 = 算法 + 数据结构$$

而现代程序设计离不开工具使用和程序设计思想，因此，程序设计公式可详细描述为

$$程序设计 = 算法 + 数据结构 + 开发工具 + 程序设计方法$$

其中，程序设计方法是从宏观角度描述编程方法，如结构化程序设计、面向对象程序设计、函数式编程等。开发工具提供程序编译调试环境。

程序设计要选择某种程序设计语言，按照与计算机硬件的联系程度可将程序设计语言分为机器语言、汇编语言和高级语言。

（1）机器语言。计算机采用二进制工作，从根本上说，计算机只能识别和接收由 0 和 1 组成的指令。二进制代码称为机器指令。机器指令的集合就是机器语言。机器语言与人们习惯用的语言差别很大，难以推广使用。

（2）汇编语言。将机器语言指令符号化。例如，用 ADD 代表"加"，SUB 代表"减"。汇编程序将汇编语言的指令转换为机器指令。机器语言和汇编语言是面向机器的语言，依赖具体的机器类型，被称为计算机低级语言。

（3）高级语言。接近于人们习惯使用的自然语言和数学表示形式。编译程序负责将高级语言编

写的程序（称为源程序）转换为机器指令的程序（称为目标程序）。

早期的高级语言属于非结构化的语言，编程风格比较随意，程序中的流程可以随意跳转。这样使程序难以阅读和维护。

后来提出了"结构化程序设计方法"，规定程序必须具有良好特性的结构，如顺序结构、选择结构、循环结构。结构化程序设计采用自顶向下、逐步求精的程序设计方法，以模块化设计为中心，将待开发的软件系统划分为若干个相互独立的模块。程序结构清晰，易于编写、阅读和维护。C 语言属于结构化程序设计语言。

随着软件规模的不断扩大，对软件的开发效率和软件维护提出新的要求，出现了面向对象的程序设计语言，如 C++、C#、Java 等。面向对象的程序设计将面向对象的思想应用于软件开发过程中，更符合现实世界中人们对于事物的认知。

1.1.2　C 语言的特点

C 语言能直接访问硬件的物理地址，能进行位（bit）操作。兼有高级语言和低级语言的许多优点。它既可以用来编写系统软件，又可以用来开发应用软件，已成为一种通用程序设计语言。概括起来有以下优点。

1. 简洁紧凑、灵活方便

C 语言一共只有 32 个关键字，9 种控制语句，程序书写形式自由，区分大小写。C 语言语法限制不太严格，程序设计自由度大，如整型数据与字符型数据和逻辑型数据可以通用。

2. 运算符丰富

C 语言的运算符共有 34 种。C 语言把括号、赋值、强制类型转换等都作为运算符处理。灵活使用各种运算符可以实现其他高级语言中难以实现的运算。

3. 数据类型丰富

C 语言的数据类型有整型、实型、字符型、数组类型、指针类型、结构体类型、共用体类型等。能实现各种复杂的数据结构的运算。引入了指针概念，使程序效率更高。

4. 允许直接访问物理地址

C 语言既具有高级语言的功能，又具有低级语言的许多功能，允许直接访问物理地址，可以直接对硬件进行操作。它能够像汇编语言一样对位、字节和地址进行操作，而这三者是计算机最基本的工作单元。因此，C 语言也常用于编写系统软件。

5. 生成目标代码质量高，程序执行效率高

C 语言描述问题比汇编语言迅速，工作量小、可读性好，易于调试、修改和移植，而代码质量与汇编语言相当。C 语言一般只比汇编程序生成的目标代码效率低 10%～20%。预编译处理让 C 语言的编译更具有弹性。

6. 可移植性好

C 语言在不同机器上的 C 编译程序中 86% 的代码是公共的，所以 C 语言的编译程序便于移植。

在一个环境中用 C 语言编写的程序，不改动或稍加改动，就可以移植到另一个完全不同的环境中运行。

当然，C 语言也存在一些缺点，主要表现在数据封装性上。C 语言数据和对数据的操作是分离的，而 C++ 等面向对象程序设计语言则是将它们封装在类中，这也是 C 和 C++ 的一大区别。另外，C 语言的语法限制不太严格，对变量类型约束不严格，对数组下标越界不做检查等，影响了程序的安全性。

1.2　简单 C 语言程序的组成

一个 C 语言程序主要包括预处理器指令、函数、变量、语句、表达式和注释。

【例 1-1】最简单的 C 语言程序

程序代码如下：

```
#include <stdio.h>
int main(){
    /* 第一个 C 语言程序 */
    printf("Hello,World! \n");
    return 0;
}
```

说明

（1）#include <stdio.h> 是预处理器指令，告诉 C 语言编译器在实际编译之前要包含 stdio.h 头文件。这个头文件中含有标准输入 / 输出函数库。

（2）int main () 是主函数，程序从这里开始执行。

（3）/*……*/ 将会被编译器忽略，这里放置程序的注释内容。

（4）printf (...) 是 C 语言的一个库函数，在显示器上显示消息"Hello, World！"。

（5）"return 0;"终止 main () 函数，并返回值 0。

注意

在一个工程文件中可以有多个源程序文件，但整个工程中只能有一个 main () 函数，main () 函数的形态可以多种多样。例如，以下是 main () 函数的另外几种典型形态。

```
void main()                          // 这里 void 代表函数无返回值
main()
main(void)                           // 这里 void 代表函数无参数
int main(int args,char * argv[])     // 这个形态支持命令行参数
```

【例 1-2】输入圆的半径并计算其面积

程序代码如下：

```
#include <stdio.h>
#define PI  3.14159                        // 定义符号常量

/* 定义函数 area()，根据圆的半径计算其面积 */
float area(float r)                        // 函数参数为圆的半径
{
 return    PI*r*r;                         // 计算并返回圆的面积
}

void main()                               // 主函数
{
    float r;
    printf(" 输入圆的半径：");
    scanf("%f",&r);                       // 输入半径
    printf(" 圆的面积 =%f \n",area(r));    // 输出面积
}
```

【运行结果】

输入圆的半径：5.2 ✓
圆的面积 =84.948587

📝 说明

> 初学者对此程序一般会有很多困惑，这里涉及 C 语言程序设计的很多内容，可谓"麻雀虽小，五脏俱
> 全"。其中包括变量和常量的使用，数据的输入和输出，也包括函数的定义与调用等。这些内容在后面
> 章节会详细介绍，现在只需大概了解。

（1）"#define PI 3.14159"是一个定义符号常量的编译预处理语句，定义之后，在程序的其他地方用到的 PI 就是常量，它等价于 3.14159。实际上，在编译预处理时，会将程序中的 PI 全部替换为3.14159。

（2）这个程序涉及了两个函数：一个是 area () 函数；另一个是 main () 函数，在 area () 函数中将根据参数代表的半径 r 计算圆的面积，并通过 return 语句返回计算结果。

（3）"float r;"定义了一个浮点型变量，该变量用来表示和存放圆的半径值。

（4）"scanf ("%f", &r);"为一条输入语句，用来从键盘获取输入，将数据存放到变量 r 对应的地址单元中，或者说用输入数据给变量 r 赋值。%f 是针对实数输入的格式描述。

（5）在最后的 printf 语句中调用 area () 函数计算圆的面积，并按格式描述输出结果。

【运行说明】程序运行时，将输出提示信息让用户输入圆的半径。例如，输入 5.2，然后按Enter 键后（符号✓代表按 Enter 键），程序才会输出显示圆的面积的计算结果。

任何复杂的 C 语言程序都是由预处理部分和若干函数定义构成，其中主函数 main () 是程序执行的入口，它是执行程序时自动被调用的，而其他函数只有在被调用到后才会执行。

在该程序中定义了 main () 函数和 area () 函数。函数调用形式各不相同，其中有针对自定义函

数的调用，也有针对来自标准库的函数调用 [scanf () 和 printf ()]。

无论是函数定义还是函数调用均离不开小括号，函数名后面的小括号 "()" 是函数的一个重要特性。函数定义时在小括号中给出函数的参数形态说明，称为形式参数表。例如，area () 函数中只含有一个 float 型的参数，在函数调用时要在小括号内提供相应类型的实际参数。

在函数定义中需要在一对大括号 "{}" 内编写函数的具体执行代码，大括号内的代码称为函数体。各函数在程序中所处的位置并不是固定的，但要求每个函数的定义是完整独立的，不允许出现在一个函数内部又去定义另一个函数。

1.3　C 语言程序的调试

1.3.1　C 语言程序的调试步骤

运行一个 C 语言源程序，需要以下几个步骤：输入编辑源程序→编译源程序→链接库函数→运行目标程序。C 语言程序的调试步骤如图 1-1 所示。

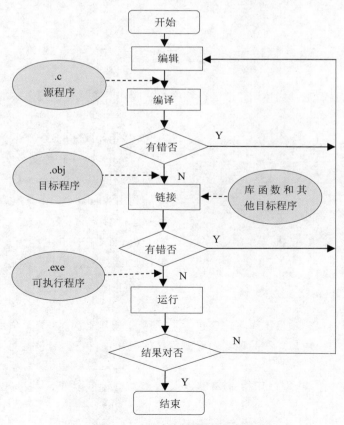

图 1-1　C 语言程序的调试步骤

（1）编辑源程序。选择某个编辑工具输入源程序，一般在 C 语言开发的工具软件的编辑环境中输入和修改程序，对源程序文件进行命名保存，源程序文件的扩展名为 .c 类型。

（2）对源程序进行编译。编译将检查程序在语法上是否正确。如果正确，就会产生目标代码文件，文件类型为 .obj 类型；如果有错，就会指出错误之处，程序员要仔细查看错误提示信息，从而改正错误。编译指示的错误信息有两类：一类是错误（error）信息，出现这类错误，系统不会生成目标文件，必须改正后重新编译；另一类是警告（warning）信息，这类问题不影响系统产生目标文件。

（3）链接生成可执行文件。将目标文件和系统的库文件以及系统提供的其他信息链接在一起，最终形成一个可执行的二进制文件，可执行文件的扩展名为 .exe 类型。

（4）运行目标程序。运行可执行文件，得到运行结果。

（5）分析结果。查看结果是否符合要求，如果结果不对，则应检查程序在算法上是否有问题，输入的数据是否符合程序的格式要求等，需要修改程序再调试，重复步骤（1）～步骤（5）。

✍ 说明

这里用流程图来表示程序的调试步骤，流程图中圆角矩形代表整个流程的开始和结束；方角矩形代表一般性操作；菱形代表条件判断；箭头代表操作走向。

1.3.2　在 Visual C++ 6.0 环境下调试 C 语言程序

现代软件开发均强调工具的使用，C 语言程序的集成开发工具也比较多，本书以 Visual C++ 6.0 作为开发工具。

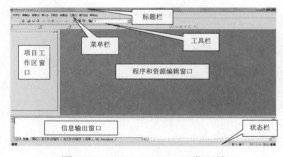

图 1-2　Visual C++ 6.0 开发环境

1. Visual C++ 6.0 介绍

Visual C++ 6.0 是微软公司推出的目前使用极为广泛的基于 Windows 平台的可视化编程环境。利用 Visual C++ 6.0 集成开发环境，可以编写及运行 C 语言程序。

Visual C++ 6.0 主题窗口可分为标题栏、菜单栏、工具栏、项目工作区窗口、信息输出窗口、程序和资源编辑窗口、状态栏等，如图 1-2 所示。

（1）项目工作区窗口。项目工作区窗口包含了项目的一些信息，如类、项目文件、资源等。

（2）程序和资源编辑窗口。在此窗口中对源程序代码和项目资源（包括对话框资源、菜单资源等）进行设计处理。

（3）信息输出窗口。此窗口用来显示编译、调试和查询的结果，帮助用户修改用户程序的错误。

（4）状态栏。状态栏用于显示当前操作状态、注释、文本光标所在的行号和列号等信息。

2. 在 Visual C++ 6.0 环境下输入 C 语言程序

方法 1：先建工程，后输入程序

（1）新建一个 Win32 Console Application 工程文件。

在菜单栏中选择"文件"→"新建"菜单项，打开"新建"对话框，在"工程"选项卡中选择 Win32 Console Application 选项，输入相应的工程名称和位置，如图 1-3 所示。

单击"确定"按钮进入如图 1-4 所示的选择界面。选择一种需要创建的控制台程序，此处选中 "一个空工程"单选按钮。

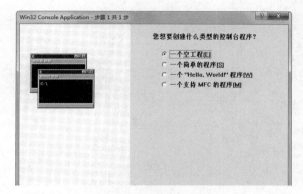
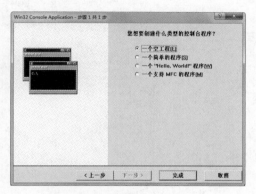

图 1-3　新建一个工程　　　　　　　　图 1-4　选择创建的控制台程序

单击"完成"按钮进入如图 1-5 所示的 Visual C++ 集成开发环境窗口。

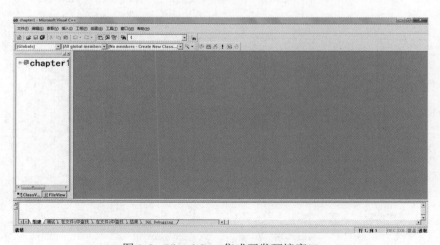

图 1-5　Visual C++ 集成开发环境窗口

（2）在工程中新建 C 语言源程序文件。

新建 C 语言源程序文件共有两种方法：一种是在菜单栏中选择"工程"→"增加到工程"→

"新建"菜单项；另一种是直接选择"文件"→"新建"→ C++ Source File 菜单项，在如图 1-6 所示的"新建"对话框中输入文件名和位置信息。（文件名一定要加 .c 的扩展名），单击"确定"按钮后，可以进入源程序的输入编辑窗口（注意所出现的呈现"闪烁"状态的输入位置光标），此时只需通过键盘输入源程序代码。

输入如图 1-7 所示的源程序代码后，切换到项目工作空间窗口中的 FileView 标签下，可以看到 Source Files 文件夹中已经存在文件 test.c；切换到项目工作区窗口的 ClassView 标签下，可以看到 Globals 文件夹中已经存在 main () 函数。

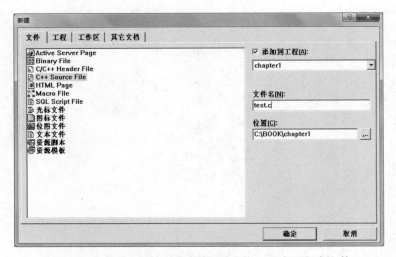

图 1-6   在工程中新建一个名为 test.c 的 C 语言源程序文件

图 1-7   输入的 test.c 源程序代码

方法 2：直接输入源程序代码自动产生工程

采用这种方式新建并调试程序过程相对简单，建议初学者采用该方式新建并输入源程序。

　　打开 Visual C++ 集成开发环境，在菜单栏中选择"文件"→"新建"菜单项，在打开的"新建"对话框中，切换到"文件"选项卡，选择 C++ Source File 选项，输入文件名（一定要以 .c 作为扩展名），选择文件存放的位置，单击"确定"按钮，即可进入源程序输入界面，如图 1-8 所示。

　　这种方法新建的 C 语言源程序文件在编译时，会弹出确认对话框提示用户是否要求系统为其创建一个默认的工程（含相应的工作区），用户只要单击"确定"按钮即可。

3. 程序的编译、链接及运行

　　在对程序进行编译、链接和运行前，最好先保存自己的工程，以避免程序运行时系统发生意外而使之前的工作付之东流。

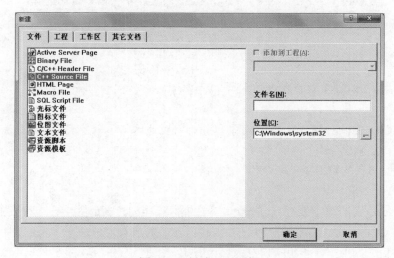

图 1-8　"新建"对话框

　　（1）编译。选择执行菜单的第一项编译（Compile），此时将对源程序进行编译。若编译中发现错误或警告，将在输出（Output）窗口中显示出它们所在的行或列以及具体的出错或警告信息，可以通过这些信息的提示来修改程序中的错误或警告（注意，错误必须进行修改，警告则不然，当然最好还是能把所有的警告也"消灭"掉）。当没有错误与警告出现时，输出窗口最后一行应该显示：test.obj-0 error (s) (0 warning (s))。

　　（2）链接。选择执行菜单的第二项链接（Build）进行链接生成可执行程序。在链接中出现的错误也将显示到输出窗口中。链接成功后，输出窗口最后一行应该显示：test.exe-0 error (s) (0 warning (s))。

　　（3）运行。选择执行菜单的第三项运行（Execute）（该选项前有一个深色的感叹号标志"！"，也可以通过单击窗口上部工具栏中的! 按钮执行该选项），执行后将出现一个结果显示和操作界面（类似于 Dos 窗口的界面），如图 1-9 所示，其中 Press any key to continue 是由系统产生的。

图 1-9　程序的运行结果显示界面

1.3.3　关于 Visual C++ 6.0 的菜单与工作窗口

使用 Visual C++ 6.0 调试程序，大部分的操作都可以通过菜单命令来完成。还有一些工作窗口，可以作为程序设计的辅助工具。

1. Visual C++ 6.0 的常用菜单命令项

（1）文件（File）菜单。

● 新建（New）：打开"新建（New）"对话框，以便创建新的文件、工程或工作区。

关闭工作区（Close Workspace）：关闭与工作区相关的所有窗口。

● 退出（Exit）：退出，将提示保存窗口内容等。

（2）编辑（Edit）菜单。

● 剪切（Cut）：快捷键 Ctrl+X。将选定内容剪切到剪贴板。

● 复制（Copy）：快捷键 Ctrl+C。将选定内容复制到剪贴板。

● 粘贴（Paste）：快捷键 Ctrl+V。将剪贴板中的内容插入（粘贴）到当前鼠标指针所在的位置。

● 查找（Find）：快捷键 Ctrl+F。在当前文件中查找指定的字符串，可以用快捷键 F3 寻找下一个匹配的字符串。

● 在文件中查找（Find in Files）：在指定的多个文件中查找指定的字符串。

● 替换（Replace）：快捷键 Ctrl+H。替换指定的字符串（用某一个字符串替换另一个字符串）。

● 转到（Go To）：快捷键 Ctrl+G。将光标移到指定行上。

（3）查看（View）菜单。

● 工作空间（Workspace）：如果项目工作区窗口没显示出来，则选择执行该项后将显示出工作区窗口。

● 输出（Output）：如果输出窗口没显示出来，则选择执行该选项后将显示输出窗口。输出窗口中将随时显示有关的提示信息或出错警告信息等。

（4）工程（Project）菜单。

● 添加到工程（Add To Project）：选择该选项将弹出子菜单，用于添加文件或将数据链接到工程中。例如，子菜单中的"新建（New）"选项可用于添加 C++ Source File 或 C/C++ Header File；而子菜单中的"文件（Files）"选项则用于插入已有的文件到工程中。

● 设置（Settings）：为工程进行各种不同的设置。例如，通过调试选项卡可以输入命令行参数。

（5）组建（Build）菜单。

● 编译（Compile）：快捷键 Ctrl+F7。编译当前处于源代码窗口中的源程序文件，以便检查是否有语法错误或警告，编译情况将显示在输出窗口中。

● 组建（Build）：快捷键 F7。对当前工程中的有关文件进行链接，若出现错误，也将显示在输出窗口中。

● 运行（Execute）：快捷键 Ctrl+F5。运行（执行）已经编译、链接成功的可执行程序（文件）。

● 开始调试（Start Debug）：选择该选项将弹出子菜单，执行该菜单的选择项后，就启动了调试器，此时编译菜单转换为调试（Debug）菜单。

（6）调试（Debug）菜单。

在调试（Debug）界面中可以单步调试程序、观察变量值的变化；也可以通过设置断点来观察程序的执行过程。调试界面如图 1-10 所示。

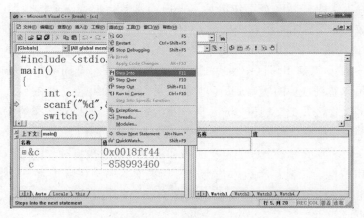

图 1-10　调试界面

● GO：快捷键 F5。从当前执行位置继续运行程序，直到遇到断点或遇到程序结束而停止。

● Restart：快捷键 Ctrl+Shift+F5。重新开始对程序进行调试执行（当对程序做过某些修改后往往需要通过 Restart 重新调试）。

● Stop Debugging：快捷键 Shift+F5。中断当前的调试过程并返回正常的编辑状态，系统将自动关闭调试器，并重新使用组建（Build）菜单来取代调试（Debug）菜单。

● Step Into：快捷键 F11。单步执行程序，当遇到函数调用语句时，进入函数内部执行。

● Step Over：快捷键 F10。单步执行程序，但当执行到函数调用语句时，不进入函数内部，而是一步直接执行完该函数后，接着再执行函数调用语句后面的语句。

● Step Out：快捷键 Shift+F11。与 Step Into 配合使用，当执行进入函数内部，单步执行若干步之后，若发现不再需要进行单步调试，通过该选项可以从函数内部返回到函数调用语句的下一个语句处停止。

● Run to Cursor：快捷键 Ctrl+F10。使程序运行到当前鼠标光标所在行时暂停其执行。

【深度学习】在调试（Debug）菜单中可以根据需要在程序的某些位置设置断点，已设置断点的位置，在相应程序行前有一个棕色的实心圆点标志。调试执行过程中遇到断点处还会在圆点标记上添加一个箭头标记。设置和删除断点可以使用快捷键 F9。与断点相关的快捷键还有 Alt+F9（管理程序中的所有断点）、Ctrl+F9（禁用 / 使能当前断点）。

（7）帮助（Help）菜单。

通过该菜单查看 Visual C++ 6.0 的各种联机帮助信息。

（8）上下文关联菜单。

除了主菜单和工具栏，Visual C++ 6.0 开发环境还提供了大量的上下文关联菜单，右击窗口中很多地方都会弹出相应的关联菜单，里面包含与被选择项目相关的各种命令。

2. Visual C++ 6.0 的主要工作窗口

（1）项目工作区（Workspace）窗口。项目工作区窗口显示了当前工作区中各个工程的类、资源和文件信息，当新建或打开一个工作区后，窗口通常就会出现 3 个树视图：ClassView（类视图）、ResourceView（资源视图）和 FileView（文件视图），如果在 Visual C++ 6.0 企业版中打开了数据库工程，则会出现第 4 个视图 DataView（数据视图）。

● ClassView：显示当前工作区中所有工程定义的 C++ 类、全局函数和全局变量，展开每一个类后，可以看到该类的所有成员函数和成员变量，如果双击类的名字，则会自动打开定义这个类的文件，并把文档窗口定位到该类的定义处，如果双击类的成员或者全局函数及变量，文档窗口则会定位到相应函数或变量的定义处。

● ResourceView：显示每个工程中定义的各种资源，包括快捷键、位图、对话框、图标、菜单、字符串资源、工具栏和版本信息等。如果双击一个资源项目，就会进入资源编辑状态，打开相应的资源，并根据资源的类型自动显示出 Graphics、Color、Dialog、Controls 等停靠式窗口。

● FileView：显示隶属于每个工程的所有文件。在 FileView 中双击源程序等文本文件时，会自动为该文件打开一个文档窗口，双击资源文件时，也会自动打开其中包含的资源。

（2）输出窗口。

与项目工作区窗口一样，输出窗口也被分成若干栏，其中前 4 栏最常用。

在建立工程时，“调试”栏将显示工程在建立过程中经过的每一个步骤及相应信息，如果出现编译链接错误，那么发生错误的文件、行号、错误类型编号和描述都会显示在“调试”栏中，双击一条编译错误，就会打开相应的文件，并自动定位到发生错误的那一条语句。

工程通过编译链接后，运行其调试版本，“调试”栏中会显示出各种调试信息，包括 DLL 装载情况、运行时警告及错误信息、MFC 类库或程序输出的调试信息、进程中止代码等。

两个"查找文件"栏用于显示从多个文件中查找字符串后的结果。如果要查找某函数或某变量出现在哪些文件中，则可以在"编辑"菜单中选择 Find in Files... 菜单项，然后指定要查找的字符串、文件类型及路径，单击"查找"按钮后，结果就会输出在"查找文件"栏中。

（3）窗口布局调整。

Visual C++ 6.0 的智能化界面允许用户灵活配置窗口布局。例如，菜单栏和工具栏的位置都可以重新安排。在菜单栏或工具栏左方类似于把手的两个竖条纹处或其他空白处单击并按住鼠标左键，然后试着把它拖动到窗口的不同地方，就可以发现菜单栏和工具栏能够停靠在窗口的上方、左方和下方，双击竖条纹后，它们还能以独立子窗口的形式出现。独立子窗口不但能够始终浮动在文档窗口的上方，而且可以被拖到 Visual C++ 6.0 主窗口之外。

1.4　C 语言的符号

1.4.1　注释

注释是程序中不被执行的部分，在编译时它将被忽略，其作用是增强程序的可阅读性。C 语言有两种注释方式。

（1）单行注释。以"//"开始的单行注释，这种注释可以单独占一行。

（2）多行注释。以"/*"开始，"*/"结束，这种格式的注释可以单行或多行。

📢 **注意**

不能在注释内嵌套注释，注释也不能出现在字符串或字符值中。

1.4.2　关键字

关键字也称为保留字，每个保留字均有特殊的含义，这些保留字不能作为常量名、变量名或其他标识符名称。C 语言中的关键字如表 1-1 所示。

表 1-1　C 语言中的关键字

关键字	说　　明	关键字	说　　明
auto	声明自动变量	int	声明整型变量或函数
break	跳出当前循环	long	声明长整型变量或函数返回值类型
case	开关语句分支	register	声明寄存器变量
char	声明字符型变量或函数返回值类型	return	子程序返回语句（可以带参数，也可以不带参数）

续表

关键字	说　明	关键字	说　明
const	声明符号常量	short	声明短整型变量或函数
continue	结束当前循环，开始下一轮循环	signed	声明有符号类型变量或函数
default	开关语句中的"其他"分支	sizeof	计算数据类型或变量长度（即所占字节数）
do	do…while 循环的开始	static	声明静态变量
double	声明双精度浮点型变量或函数返回值类型	struct	声明结构体类型
else	条件语句否定分支（与 if 连用）	switch	用于开关语句
enum	声明枚举类型	typedef	用于给数据类型取别名
extern	声明变量或函数是在其他文件或本文件的其他位置定义	unsigned	声明无符号类型变量或函数
float	声明单精度浮点型变量或函数返回值类型	union	声明共用体类型
for	for 循环语句	void	声明函数无返回值或无参数，声明无类型指针
goto	无条件跳转语句	volatile	说明变量在程序执行中可被隐含地改变
if	条件语句	while	用于 while 循环和 do…while 循环

1.4.3　标识符

　　C 语言的标识符是用来标识变量、函数或任何其他用户自定义项目的名称。一个标识符以字母或下划线开始，后接 0 个或多个字母、下划线和数字（0～9）。现在很多编程环境下，美元符号（$）也可以作为标识符的组成和开头符号。

　　C 语言的标识符内不允许出现除字母、下划线和数字以外的其他字符，如"@"和"%"。C 语言严格区分英文字母大小写。因此，在 C 语言中，Manpower 和 manpower 是两个不同的标识符。

　　下面列出几个有效的标识符：

```
abc    a_123    _temp    j2    retVal
```

　　除了上面的规则，定义标识符还要注意以下几点。

　　（1）保留字（也称关键字）不能作为标识符，如 if、int、public 等。

　　（2）C 语言是大小写敏感的语言。所以，A1 和 a1 是两个不同的标识符。

　　（3）标识符命名尽量能够反映它所表示的变量、常量、函数的意义，即能"见名知义"。

1.4.4 分隔符

在 C 语言中，圆点 "."、分号 ";"、空格和大括号 "{ }" 等符号具有特殊的分隔作用。将其统称为分隔符。

（1）每条语句以分号作为结束标记。一行可以写多条语句，一条语句也可以占多行。

（2）可以通过大括号 "{ }" 将一组语句合并为一个语句块。语句块在某种程度上具有单条语句的性质。函数体也是用一组大括号作为起始和结束。

（3）空格分隔语句的各个部分，让编译器能识别语句中的各个元素。例如：

```
int age;
```

在这里，int 和 age 之间必须至少有一个空格字符，这样编译器才能够区分它们。

再看在下面的语句中：

```
fruit = apples + oranges;        // 获取水果的总数
```

fruit 和 "="，或者 "=" 和 apples 之间的空格字符不是必需的，增加空格是为了让程序看起来清晰一些。很多程序员在书写代码时会在代码中插入一些空格来实现缩进，一般按语句的嵌套层次逐层缩进。

📢 **注意**

编译对源程序处理时将自动过滤掉程序中多余的空格，但程序中用双引号括起来的字符串中的每个空格均有意义。

习　题

1. 选择题

（1）以下（　　）不是 C 语言的关键字。

　　A. final 　　　　B. const 　　　　　C. for 　　　　　D. sizeof

（2）下列正确的标识符是（　　）。

　　A. _x3 　　　　B. 3x 　　　　　C. *y 　　　　　D. a+b

（3）C 语言属于程序设计语言的（　　）类别。

　　A. 机器语言　　B. 汇编语言　　　　C. 高级语言　　　D. 面向对象语言

（4）一个 C 语言程序文件一般（　　）主函数。

　　A. 有 0 个　　　B. 有且只有一个　　C. 至少有一个　　D. 有若干个

（5）一个 C 语言编写的源程序后缀名是（　　）。

　　A. .cpp 　　　　B. .c 　　　　　C. .obj 　　　　D. .exe

（6）计算机能直接执行的程序是（　　）。

　　A. 源程序　　　　B. 目标程序　　　　　C. 汇编程序　　　　　D. 可执行程序

（7）以下叙述中正确的是（　　）。

　　A. C 语言规定必须用 main 作为主函数名，程序将从此开始执行

　　B. 可以在程序中由用户指定任意一个函数作为主函数，程序将从此函数开始执行

　　C. C 语言程序将从源程序中任意一个函数开始执行

　　D. main 的各种大小写拼写形式都可以作为主函数名，如 Main

2. 编程题

（1）编写一个程序，输出两行信息，第 1 行是你的籍贯，第 2 行是你的姓名。

（2）编写一个程序，输出以下图案：

```
*
**
***
```

第 2 章　数据类型与变量

本章知识目标：

❑ 了解 C 语言数据类型的划分。

❑ 掌握 C 语言各种类型常量的表示方法。

❑ 掌握变量定义与赋值。

程序设计中数据的表示是最基础，也是最核心的问题。为了能让读者直观地感受和理解各种数据表示的特点，本章例题涉及数据的输出，其中关于输出格式描述符，读者可以参考第 3 章的内容来理解。

2.1　数据类型与常量

在程序设计中要使用和处理各种数据，数据按其表示信息的含义和占用空间大小可分为不同类型。

C 语言数据类型的分类如图 2-1 所示。

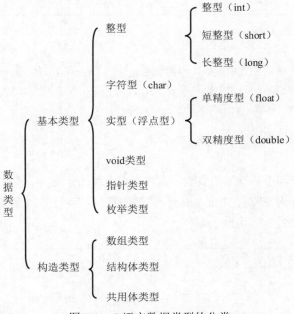

图 2-1　C 语言数据类型的分类

在程序运行中，其值不能被改变的量称为常量。常量分为字面常量（也称为直接常量）和符号常量。字面常量有整型常量、实型常量、字符型常量、字符串常量等。

2.1.1   整型常量

1. 整型常量的存储表示与数据范围

整型常量就是不带小数的数，但包括负数。表 2-1 列出了几种数据类型的数据存储大小及数据范围。显然占用字节数越多的数据类型，其数据表示的范围就越大。在 C 语言中，字符型数据（char）也可以当作整数，在计算机内部每个字符表示的数据值即为其所对应的 ASCII 码。

表 2-1   几种数据类型的数据存储大小及数据范围

数 据 类 型	存 储 大 小	数 据 范 围
char	1 个字节	−128～127 或 0～255
unsigned char	1 个字节	0～255
int	2 个或 4 个字节	−32 768～32 767 或 −2 147 483 648～2 147 483 647
unsigned int	2 个或 4 个字节	0～65 535 或 0～4 294 967 295
short	2 个字节	−32 768～32 767
unsigned short	2 个字节	0～65 535
long	4 个字节	−2 147 483 648～2 147 483 647
unsigned long	4 个字节	0～4 294 967 295

📢)) 注意

> 整型常量的存储大小与系统位数有关，有些数据类型（如 int）在不同的编译系统中占据存储单元的大小是不一样的。为了得到某个类型或某个变量的准确大小，可以使用 sizeof 运算符。表达式 sizeof（计算对象）可以得到数据对象或数据类型的存储字节数。

在数据类型定义表示上还有一些特殊的组合形式。例如，long int 等价于 long；short int 则等价于 short。

实际应用中也可能处理不带符号的整型常量，即在数据表示上，存储单元的所有位都用来表示数据值，没有符号位，称为无符号（unsigned）类型的整数。有符号短整型和无符号短整型数据在内存中的存储表示形式如图 2-2 所示。

图 2-2   有符号短整型和无符号短整型数据在内存中的存储表示形式

【例 2-1】获取不同数据类型的存储大小

程序代码如下：

```
#include <stdio.h>
void main()
{
    printf("char 存储大小: %d \n",sizeof(char));
    printf("short 存储大小: %d \n",sizeof(short));
    printf("int 存储大小: %d \n",sizeof(int));
    printf("long 存储大小: %d \n",sizeof(long));
    printf("200 存储大小: %d \n",sizeof(200));
}
```

【运行结果】

```
char 存储大小: 1
short 存储大小: 2
int 存储大小: 4
long 存储大小: 4
200 存储大小: 4
```

2. 整型常量的表示形式

在 C 语言中，整数可以是十进制、二进制、八进制或十六进制的常量。

- 十进制：默认为十进制，如 10 和 20。
- 八进制：以数字 0 开头为八进制，如 045 和 021。其特点是所有数字由 0～7 构成，逢八进一，八进制数中不会出现字符 8。
- 十六进制：以 0x 开头为十六进制，如 0x28af。其特点是所有数字由 0～9、A～F（或者 a～f）构成，逢十六进一（其中 A、B、C、D、E、F 分别代表 10、11、12、13、14、15）。

【思考】0123、0x123、0xff 对应的十进制值分别是多少？

3. 整型常量的类型

整型常量的类型和所选的编译系统有关。例如，在 Visual C++ 系统中，整型常量的默认类型是 int。也可以在整型常量后加字母 l 或 L，表示 long 型常量，如 0L 与 12L。在一个正的整型常量后面加一个字母 U（或者小写 u），则明确指示该常量为 unsigned int 型，如 125U。

由于 C 语言的数据表示中所占字节数和机器环境有关，因此，实际应用中要根据具体环境来选择数据类型。一般情况下，整数类型使用 int。

2.1.2　实型常量

1. 实型常量的表示形式

实型，又称为浮点型，一般来说，浮点型数据由整数部分、小数点、小数部分和指数部分组成，可以用小数形式或者指数形式来表示浮点常量。

（1）小数形式。也就是以小数来表示实数，如 6.37, -0.023, 123., 0.0。小数形式要求必须有小数点，整数部分为 0 时可以省略。例如，0.123 可以写成 .123。

（2）指数形式。也称为科学表示法。例如，3e-2 代表 0.03，3.7E15 代表 3.7×10^{15}，这里，e 或 E 左边的数据为底数，它决定数据能表示的有效位数，称为精度。e 或 E 右边的数据是 10 的幂，它决定数据的表示范围。科学表示法要求 e 或 E 之前必须有数字且指数部分必须为整数。例如，e-5、1.2E-3.5、.e3 均是非法的表示形式。

规范化（也称规格化）科学表示法要求：底数部分小数点前有且仅有一位非零的数字。例如，1.23e4 和 2.587E-5。

实数在计算机内部的表示形式实际上与规格化科学表示法相对应，如图 2-3 所示。实际上，符号位也是用 0 或 1 表示，正号为 0，负号为 1。对于 float 型数据是用 23 位表示小数部分，8 位表示指数部分。对于 double 型数据，则用 52 位表示小数部分，11 位表示指数部分。

浮点数指数部分采用移码表示，其编码值是偏移量加上实际值，float 型的偏移量是 127，double 型的偏移量是 1023。对大多数程序员来说，只需对实数在计算机内的表示形式有个基本了解就可以了。

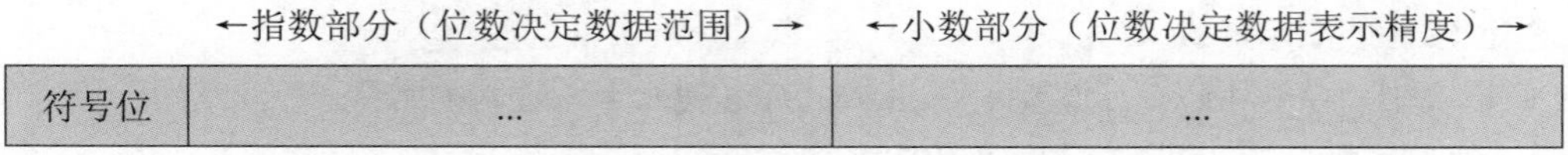

←指数部分（位数决定数据范围）→   ←小数部分（位数决定数据表示精度）→

符号位	...	...

图 2-3   实数在计算机内的表示特点

有了规格化表示的约束，任何一个实数，其规格化表示形式都是唯一确定的。例如，1230，12.3×10^2，它们的规格化表示形式都是 1.23E+3。

2. 实型常量的类型

实型常量分为 float 和 double 两种类型，float 称为单精度浮点数，而 double 称为双精度浮点数。为了区分 float 和 double 两种类型，float 型的常量在表示上以 F 或 f 结尾，如 2.3f。在多数编译系统中规定，如果浮点型常量不带后缀，则默认为双精度类型常量。

下面列举几个浮点型常量的实例：

```
3.14159             /* 合法 */
314159E-5L          /* 合法 */
510E                /* 非法：不完整的指数 */
210E0.3             /* 非法：指数部分不能是小数 */
.e55                /* 非法：缺少整数或小数 */
```

【思考】35f、35.、35、35L 这几个数有何不同？

在实际应用中，要根据具体数据的范围来选择采用 float 型还是 double 型。

头文件 float.h 定义了宏常量，可以用这些常量得到 float 型和 double 型实数表示的细节，其中，包括数据表示范围和精度。

【例 2-2】输出浮点型数据占用的存储空间以及它的范围与精度

程序代码如下：

```
#include <stdio.h>
#include <float.h>
void main()
{
    float x = 2.01;
    printf("x=%.10f\n" ,x);
    printf("x 存储字节数: %d \n",sizeof(x));
    printf("double 存储大小: %d \n",sizeof(double));
    printf("float 最小值: %E\n",FLT_MIN);
    printf("float 最大值: %E\n",FLT_MAX);
    printf(" 精度值: %d\n",FLT_DIG);
    printf("double 最小值: %E\n",DBL_MIN);
    printf("double 最大值: %E\n",DBL_MAX);
    printf(" 精度值: %d\n",DBL_DIG);
}
```

【运行结果】

```
x=2.0099999905
x 存储字节数: 4
double 存储大小: 8
float 最小值: 1.175494E-038
float 最大值: 3.402823E+038
精度值: 6
double 最小值: 2.225074E-308
double 最大值: 1.797693E+308
精度值: 15
```

【难点辨析】在例 2-2 中，float 型和 double 型对应精度的符号常量值虽然是 6 和 15，但这两个值不是精确的数字。程序中数据通常是十进制，而计算机内部数据是二进制，浮点数存在数据表示上的误差。确切地说，float 型数据表示精度是小数点后保留 6 位或 7 位小数。另外，数据精度是指数据规格化后的小数点后能精确到的位数，实际上，在小数点前面还有一位非 0 的数字。

从以下代码可以看出，float 型的精度问题对于每个数据分别套用 3 个格式进行输出：%f（保留 6 位小数）、%.7f（保留 7 位小数）、%.20f（保留 20 位小数）。

```
#include<stdio.h>
void main()
{
    float f1=1.0000011254545464646564667f; // 多余数据位实际无效
    float f2=1.0000022f;
    float f3=1.0000033f;
    float f4=1.0000044f;
    float f5=1.0000055f;
    float f6=1.0000066f;
    float f7=1.0000077f;
    float f8=1.0000088f;
```

```
    float f9=1.0000099f;
    printf("%f\t%.7f\t%.20f\n",f1,f1,f1);
    printf("%f\t%.7f\t%.20f\n",f2,f2,f2);
    printf("%f\t%.7f\t%.20f\n",f3,f3,f3);
    printf("%f\t%.7f\t%.20f\n",f4,f4,f4);
    printf("%f\t%.7f\t%.20f\n",f5,f5,f5);
    printf("%f\t%.7f\t%.20f\n",f6,f6,f6);
    printf("%f\t%.7f\t%.20f\n",f7,f7,f7);
    printf("%f\t%.7f\t%.20f\n",f8,f8,f8);
    printf("%f\t%.7f\t%.20f\n",f9,f9,f9);
}
```

【运行结果】

```
1.000001       1.0000011      1.00000107288360600000
1.000002       1.0000021      1.00000214576721190000
1.000003       1.0000033      1.00000333786010740000
1.000004       1.0000044      1.00000441074371340000
1.000005       1.0000055      1.00000548362731930000
1.000007       1.0000066      1.00000655651092530000
1.000008       1.0000077      1.00000774860382080000
1.000009       1.0000088      1.00000882148742680000
1.000010       1.0000099      1.00000989437103270000
```

从输出结果中可以看出，小数点后第 6 位是准确的，但是到了第 7 位，某些数字发生了四舍五入。第 7 位有可能精确，也有可能不精确。

类似地，对于 double 型浮点数来说，尾数部分共 52 位，即 2^{52} = 4 503 599 627 370 496，对应的十进制数共有 16 位，因此，double 型数据的精度为保留 15 位或 16 位小数。

【深度思考】从 .20f 格式对应的输出数据的特点可以看出，float 型数据在输出时是先转换为 double 型，小数点后有 16 位有效数字，20 位小数中只有最后 4 位是全 0。

2.1.3　字符型常量

字符型常量是由一对英文单引号括起来的单个字符或以反斜杠（\）开头的转义符，如 'J' '4' '#' 'd'。C 语言的字符在计算机内部采用 ASCII 码来表示。例如，代表"空格"的字符的编码是 32。同时，所有字母字符和数字字符的 ASCII 编码值是连续增加的。例如，字符 'A' 的编码为 65，字符 'B' 的编码为 66，字符 'a' 的编码为 97，字符 'b' 的编码为 98，数字字符 '0' 的编码为 48。

特殊字符可以通过转义符来表示。常见转义符及描述如表 2-2 所示。代表换行的字符"\n"的编码是 10，代表回车的字符"\r"的编码是 13。

表 2-2　常见转义符及描述

转 义 符	描 述	转 义 符	描 述
\'	单引号字符	\n	换行
\"	双引号字符	\f	走纸换页

转 义 符	描 述	转 义 符	描 述
\\	反斜杠	\t	横向跳格
\r	回车	\b	退格

字符还可以用转义符加编码值来表示，具体有两种办法。

（1）\ddd：用 1～3 位八进制数（ddd）表示字符。

（2）\xhh：用 1～2 位十六进制数（hh）表示字符。

注意

该表示形式中的 x 必须是小写。

例如，小写字母 a 可以表示为 '\141' 或 '\x61'。大写字母 A 可以表示为 '\101'。

```
char i = '\101' ;
printf("%c\n",i);        // 输出结果为 A
```

【重点提醒】'\0' 代表编码值为 0 的字符，它和零字符（'0'）完全不同。

【思考】字符 '9' 和数字 9 有何区别？它们代表同一个数值吗？

字符型数据可以像整数一样在程序中参与相关的算术运算。例如，'a'-32 的结果为 65，即得到大写字母 A 的编码值。或者说，将小写字母转换为相应的大写字母只要用其减去 32 即可。

两个字符型数据也可以进行算术运算，其实质就是利用它们的 ASCII 编码值进行运算，也就是将字符转化为整数再进行运算。'a'+'b' 的结果为 195，'9'-'0' 的结果为 9。

【例 2-3】字符型数据输出

程序代码如下：

```
#include<stdio.h>
void main()
{
    printf("I\t\x3\tC\tlanguags\be\n");
    printf("c\tis\t\userf\165\x6c\rC\n");
}
```

【运行结果】

```
I       ♥     C       language
C       is    userful
```

说明

'\t' 是制表符，使用多个 '\t' 字符时，各个制表位置之间间隔 8 格。'\b' 表示退格，其作用效果是将已输出字符 s 用后面的 e 代替。'\x3' 表示字符♥，'\165' 表示字符 u，'\x6c' 表示字符 l。'\r' 表示将当前输出位置回到本行的开头，然后，该行最前面的小写 c 字符会被后面输出的大写 C 字符代替。

2.1.4　字符串常量

字符串常量由一对英文的双引号括起来的若干字符构成。例如，"abc" "thank you!"。字符串常量在存储时是将字符依次存储在一块连续的内存单元中。每个英文字符占 1 个字节，存储字符的 ASCII 编码值，并把 ASCII 编码值为 0 的字符（'\0'）作为结束标记存储在字符串的最后 1 个字节。所以，字符串常量 "abc" 的实际存储字节数是 4 个字节。

1. 字符串中的汉字和英文字符所占存储不同

C 语言的字符串中可以有汉字，但要注意一个汉字一般占有 2 个字节（具体占用的存诸空间取决于汉字采用的编码标准），在计算字符个数时一个汉字相当于 2 个英文字符。

C 语言中用字符数组表示字符串变量。以下代码演示了在输出字符串时，一个汉字所占的宽度相当于 2 个英文字符。

```
char c[20] =" 我们 wecome";
printf("%.6s\n",c); // 输出结果"我们 we"
```

其中，格式描述 %.6s 控制在输出字符串时截取字符串前 6 个字符。

2. 字符和字符串的存储表示差异

在数据表示形式上，字符是用单引号括住，字符串是用双引号括住。在数据存储上字符型常量和字符串常量也有很大差异。C 语言规定所有字符型常量都作为整型常量来处理，字符型常量在内存中占 4 个字节，存放的是该字符的 ASCII 编码值（整型数据）。而字符串则是按字节存储字符串所含字符的编码值，每个字符占 1 个字节，其中还包括代表字符串结束标记的字符 '\0'。所以，sizeof（'a'）的结果为 4，而 sizeof（"a"）的结果为 2。

【例 2-4】字符型常量和字符串常量的存储大小比较

程序代码如下：

```
#include <stdio.h>
void main(){
    printf("\'a\' 存储大小: %d \n",sizeof('a'));
    printf("\"a\" 存储大小: %d \n",sizeof("a"));
}
```

【运行结果】

```
'a' 存储大小：4
"a" 存储大小：2
```

【思考】字符串 "ab" 的存储大小是多少个字节？

2.1.5　关于 void 类型

void 的字面意思是"无类型"，它通常用于以下 3 种情形。

- 函数返回为空，或者说函数无返回值。例如，void exit (int status)。
- 函数参数为空，不带参数的函数可以在形参表中填写 void。例如，int rand (void)。
- 指针指向 void，类型为 void * 的指针代表指向某个内存区域的地址。例如，内存分配函数 void *malloc (size_t size) 返回指向 void 的指针，可以强制转换为具体数据类型的指针。

2.2　定义和使用符号常量

在 C 语言中，有以下两种简单的定义符号常量的方式。

- 使用 #define 预处理器。
- 使用 const 关键字。

2.2.1　使用 #define 预处理器定义符号常量

下面是使用 #define 预处理器定义符号常量的形式。

```
#define 符号常量名  符号常量值
```

使用这种形式定义的符号常量在编译时会将相应符号常量名用其常量值进行替换，在程序可执行代码中已经不存在这些符号了。严格地说，它是给编译处理的符号常量。

【例 2-5】使用 #define 预处理器定义符号常量

程序代码如下：

```
#include <stdio.h>
#define LENGTH 10
#define WIDTH 5
#define NEWLINE '\n'
void main()
{
    int area;
    area = LENGTH * WIDTH;
    printf("value of area: %d",area);
    printf("%c",NEWLINE);  // 输出换行
}
```

【运行结果】

```
value of area : 50
```

2.2.2　使用 const 关键字定义符号常量

使用 const 关键字定义某种类型的符号常量的形式如下。

const 数据类型　常量名 = 常量值;

使用 const 关键字定义符号常量，在定义时要给出确定值，而且其值不允许被再次修改。

【例 2-6】使用 const 关键字定义符号常量

程序代码如下：

```
#include <stdio.h>
void main()
{
    const int LENGTH = 10;
    const int WIDTH = 5;
    int area;
    area = LENGTH * WIDTH;
    printf("value of area : %d\n",area);
}
```

📢 **注意**

习惯上符号常量名采用大写字母表示形式。

【思考】以下代码在编译时为什么会出错？

```
void main()
{
    const int x = 100;
    x = 200;
    printf("x=%d\n",x);
}
```

【重点提醒】使用任何形式定义的符号常量均不能被重新赋值。

2.3　变量

变量，即在程序运行过程中其值允许改变的量。变量实际上是程序可操作的存储区的名称。每个变量都有特定的数据类型，数据类型决定了变量存储的大小和数据值范围。

2.3.1　C 语言中的变量定义

每个变量均有其所属数据类型，变量必须"先声明，后使用"。C 语言规定变量声明必须放在程序块的开始，任何可执行语句之前。

声明变量包括指明变量的数据类型和变量的名称，变量的名称要符合标识符规定。根据需要也可以指定变量的初始值。变量定义格式如下：

数据类型　变量名 [=值] [,变量名 [=值],…];

说明

格式中方括号内表示可选部分，其含义是在定义变量时可以根据需要选择是否设置变量的初始值。如果在同一语句中要声明多个变量，则变量间用逗号分隔。

例如：

```
int count;              // 定义 count 为 int 型变量
double m,n = 0;         // 定义变量 m 和 n 为 double 型，同时给变量 n 赋初值 0
char c = 'a';           // 定义字符型变量 c 并给其赋初值 'a'
```

声明变量又称为创建变量，执行变量声明语句时系统根据变量的数据类型在内存中开辟相应的内存空间。可以把每个变量想象为一个小盒子，变量名为盒子的标记，而变量的值为盒中的内容。盒子的大小取决于变量的数据类型。

【重点提醒】一般情况下，访问变量的值之前先要确保变量已赋初值，否则，变量的值将是不确定的（undefined）随机值。有些变量（如全局变量）系统会将其赋默认初值 0。

注意

C 语言编译器不会检查变量在使用时是否已赋值，以下是 Visual C++ 环境下对未赋值变量的测试结果，这些值是没有意义的随机值，要在编程中避免出现这样的情况。

```
void main()
{
    int x;
    float y;
    printf("%d,%f\n",x,y);
}
```

【运行结果】

```
-858993460,-107374176.000000
```

2.3.2　赋值语句

在程序中经常需要通过赋值运算设置或更改变量的值。

赋值语句的格式为

```
变量 = 表达式 ;
```

其功能是先计算右边表达式的值，再将结果赋给左边的变量。

其中，表达式可以是常数、变量或一个运算式。

例如：

```
int x = 5;          // 定义变量并将 5 赋值给变量 x
x = x + 1;          // 将 x 的值增加 1 重新赋值给 x
```

📢 **注意**

赋值符号不同于数学上的"等号"，x=x+1 在数学上不成立。但这里的作用是给变量 x 的值增加 1，程序中常用这样的方式给一个变量递增值。

【**重点提醒**】赋值语句本身也是一个表达式，其运行结果取决于变量的赋值结果。

例如：

```
int x=8;
printf("%d\n",x=x+2);    // 输出结果为 10
```

【**例 2-7**】变量定义与赋值

程序代码如下：

```
#include <stdio.h>
void main()
{
    char i = 'a';
    float f = 3.14f;
    int k = 356;
    k = k + 2;
    printf("%d\t%d\t%f\n",i,k,f);
}
```

【**运行结果**】

```
97          358          3.140000
```

【**思考**】也许有的读者会对程序中 3.14f 感到困惑，为什么不写 3.14 呢？事实上，写 3.14 也可以。但要注意 3.14f 和 3.14 还是有差别，3.14 是 double 型常量，而 3.14f 是 float 型常量。由于变量 f 是 float 型的，C 语言在赋值时会自动进行赋值转换。在赋值时会将 double 型数据转化为 float 型，然后给变量 f 赋值。这种赋值转换是 C 语言语法灵活的体现，但从另外一个角度来说，它也体现 C 语言不够严谨的一面。如果在 Java 语言中定义，上面程序中写 3.14 就会报错，Java 不允许将 double 型数据赋值给 float 型变量。

2.3.3　字符型变量的存储与赋值

1. 字符型变量与字符常量占用的存储不同

在 C 语言中字符常量是当作整数看待，每个字符常量要占 4 个字节的空间，但字符型变量分配的存储空间是 1 个字节，这个字节用来存放字符的 ASCII 编码值。例如：

```
char c = 'A';
printf("%d,%d\n",sizeof(c),sizeof('A'));     // 输出结果为1,4
```

2. 字符型变量不能存放汉字字符

给字符型变量赋值是将字符的 ASCII 编码值赋给字符型变量。西文字符的编码用 1 个字节即可表示，但汉字字符的编码值要占 2 个字节。因此，C 语言中不能用字符型变量存放汉字字符。例如：

```
char c = '汉';
printf("%c\n",c);         // 输出结果为?
```

以上代码中，一个字符型变量分配 1 个字节存储数据，将汉字字符赋值给字符型变量，实际是只截取了其编码值中低位的字节，所以输出显示的是"？"。

习　　题

一、选择题

（1）用八进制表示整数 8 的值，正确的表示形式是（　　）。

　　A. 0x10　　　　B. 010　　　　　C. 08　　　　　D. 0x8

（2）若有说明语句：char x;，则对变量 x 赋值错误的是（　　）。

　　A. x='a';　　　B. x=65;　　　C. x='\0';　　　D. x="a";

（3）下列转义符中，错误的是（　　）。

　　A. '\0XB2'　　B. '\031'　　　C. '\b'　　　　D. '\"'

（4）以下程序运行后的输出结果是（　　）。

```
#include<stdio.h>
main()
{
    int x;
    printf("x=%d\n",x);
}
```

　　A. 编译出错　　B. 无输出值　　C. 有不确定输出值　　D. 运行出错

（5）下列不是 C 语言基本数据类型的是（　　）。

　　A. 字符型　　　B. 整型　　　　C. 浮点型　　　D. 结构体

（6）以下选项中，不能作为合法常量的是（　　）。

　　A. 1.234e04　　B. 1.234e0.4　　C. 1.234e4　　　D. 1.234e0

（7）字符串常量 "good" 占用的字节个数是（　　）个。

　　A. 4　　　　　B. 5　　　　　C. 6　　　　　D. 7

（8）以下（　　）不符合 C 语言中整型常量的合法表示。

　　A. 16　　　　　B. 015　　　　C. 3E+2　　　　D. 0X1f

（9）以下程序的调试结果是（   ）。

```
#include <stdio.h>
#define x 10
main()
{
    x++;
    printf("x=%d\n",x);
}
```

A. 编译出错   B. 输出 x=11   C. 输出 x=10   D. 运行出错

二、写出下列程序的运行结果

程序 1：

```
#include <stdio.h>
void main()
{
  printf("this\tis\tc\bC\tprogram.\rT\n");
}
```

程序 2：

```
#include <stdio.h>
void main()
{
  printf("*\t\\*ABCD\101\x46*\\");
}
```

程序 3：

```
#include <stdio.h>
void main()
{
  int m = 2;
  char x = '\x41';
  printf("%d",sizeof(x));
  printf("%d",sizeof(m));
  printf("\n%d\n",x);
}
```

第 3 章　数据的输入 / 输出

本章知识目标：

❑ 掌握 printf 格式化输出语句的使用。

❑ 掌握 scanf 格式化输入语句的使用。

❑ 了解单字符输入和输出函数的使用。

数据的输入 / 输出是程序与用户交互的手段，通过输出将信息显示出来，通过输入将数据告诉计算机。C 语言提供了一些函数来实现数据的输入和输出。输出函数的功能是将程序运行的结果输出到显示器上，而输入函数的功能是通过键盘给程序中的变量赋值。

printf () 和 scanf () 是 C 语言中非常重要的输入和输出函数，用来实现数据的格式化输出和输入。此外，C 语言还提供了单字符输出函数 putchar ()，单字符输入函数 getchar ()、getch () 等。

3.1　格式化输出 printf () 函数

printf () 函数是一个标准库函数，函数原型在头文件 stdio.h 中。printf () 函数的功能很强大，用法灵活，比较难掌握。

3.1.1　printf () 函数的使用形式

printf () 函数的一种简单使用形式是输出字符串。例如：

```
printf("Hello World!\n");    // 这里 "\n" 表示换行
```

这种形式一般用于简单的信息输出或者给用户的输入提供提示信息。

printf () 函数更多的使用形式是带格式描述的数据输出，其一般使用形式如下：

```
printf(" 格式控制字符串 ", 输出表列 );
```

这种形式主要用于输出计算结果的描述。其中，输出表列是以逗号分隔的若干输出项，可以是常数、变量或表达式等；格式控制字符串用于指定输出格式，由格式字符串和非格式字符串两种组成。非格式字符串按原样输出，格式字符串是将输出表列项中的数据依照排列顺序按格式描述的要求进行转换，转换的结果替换掉相应格式字符串进行输出。格式字符串是以 "%" 开头的字符串，在 "%" 后面跟有各种格式字符，以说明输出数据的类型、形式、长度、小数位数等。

3.1.2　格式字符串中的格式控制符

C 语言中格式字符串的一般表示形式为

%[标志][总宽度][.精度][长度]类型

其中,方括号中的项为可选项。

1. 格式描述——类型描述符

类型描述符用以表示输出数据的类型,其常用格式字符和意义如表 3-1 所示。

表 3-1   类型描述符常用格式字符和意义

格 式 字 符	意 义
d	以十进制形式输出带符号整数(正数不输出符号)
o	格式符是字母 o,以八进制形式输出无符号整数(不输出前缀 0)
x、X	以十六进制形式输出无符号整数(不输出前缀 0x)
u	以十进制形式输出无符号整数
f	以小数形式输出单、双精度实数
e、E	以规格化指数形式输出单、双精度实数
g、G	以 %f 或 %e 中较短的输出宽度输出单、双精度实数
c	输出单个字符
s	输出字符串

以下代码输出一个整数和一个浮点数,分别采用 %d 和 %f 格式描述。

```
# include <stdio.h>
void main()
{
    int i = 10;
    float j = 3.36;
    printf("i=%d,j=%f\n",i,j);
}
```

【运行结果】

```
i=10,j=3.360000
```

📋 说明

上面程序的 printf () 函数中双引号内除了输出格式控制符和转义符 "\n",其他普通字符都原样输出。%f 格式表示浮点数按默认的精确到小数点后 6 位数字的形式输出。

在以下 printf 语句中,变量 j 缺少对应的格式控制符,则变量 j 的值将不输出。

```
printf("i=%d,j=\n",i,j);    // 输出结果为 i=10, j=
```

📢 注意

在 printf () 函数中,"格式控制符"的类型可以与数据的类型不一致,输出时将按格式控制符的要求进行数据类型的转换。

```
#include <stdio.h>
void main()
{
    int i = 97;
    printf("i = %c\n",i); // 按字符格式控制符的要求输出整数
}
```

【运行结果】

```
i = a
```

但要注意，输出数据与格式描述不一致时，也可能导致数据不能正确转换。例如，以下将变量 i 的数据类型改成 double 型，按 %d 格式输出 i 时就出现转换错误。同样，整数如果按 %f 格式输出也会出现转换错误。

```
double i = 97;
printf("%d\n",i);       // 出现输出数据转换错误
printf("%f\n",97);      // 出现输出数据转换错误
```

【运行结果】

```
0
0.000000
```

【重点提醒】不同类型数据输出要选用与之匹配的格式描述类型。例如，整数用 %d，实数用 %f，字符用 %c 或 %d（用于输出字符的编码），字符串用 %s。

2. 格式描述——标记字符

标记字符有 -、+、空格和 #4 种，其意义如表 3-2 所示。

表 3-2　格式描述中标记字符

标　志	意　义
-	结果左对齐，右边填空格
+	输出符号（正号或负号）
空格	输出值为正时前面加空格，为负时前面加负号
#	对 c、s、d、u 类无影响；对 o 类，在输出时加前缀 0；对 x 或 X 类，在输出时加前缀 0x 或 0X；对 e、g、f 类，当结果有小数时才加小数点

以下代码以十六进制格式输出整数，并演示"#"标记字符的应用。

```
int a = 47,b=-9;
printf("%x\n",a);    // 输出 2f
printf("%X\n",a);    // 输出 2F
printf("%#x\n",b);   // 输出 0xfffffff7
printf("%#X\n",b);   // 输出 0XFFFFFFF7
```

📝 **说明**

> 如果是小写 x，输出的字母即为小写；如果是大写 X，输出的字母即为大写；如果加一个 "#"，就以标准的十六进制形式（有前缀 0x）输出。特别注意，按十六进制输出数据均是采用补码表示的字节数据以无符号形式识别的转换结果，所以，负数的十六进制的前面部分往往会出现很多 f 字符。

【例 3-1】 使用格式描述标记字符

程序代码如下：

```
#include <stdio.h>
void main()
{
    int a = 100;
    int b= -200;
    printf("a=%+d\n",a);
    printf("a=% d\n",a);
    printf("b=%d\n",b);
    printf("a=%#o\n",a);
}
```

【运行结果】

```
a=+100
a= 100
b=-200
a=0144
```

📝 **说明**

> 格式描述字符 #o 是按八进制输出数据，且因为 "#" 号的作用，在输出的八进制数据前面添加 0。

3. 格式描述——总宽度

格式描述 %md，其中，m 用于指定输出数据项的宽度，用十进制整数来表示输出的最少位数。若实际位数多于定义的宽度，则按实际位数输出；若实际位数少于定义的宽度，则补以空格或 0。

具体输出时还可以和其他格式标记符号配合。

- 默认右对齐，左边留空。
- 有负号，左对齐，右边留空。
- 表示宽度的数字以 0 开始，则右对齐，左边补 0。

【例 3-2】 考虑最小输出宽度的格式描述

程序代码如下：

```
#include<stdio.h>
void main()
{
    int a = 3456;
```

```
    printf("a=%3d\n",a);        // 数据多于最小的宽度，则按实际位数输出
    printf("a=%10d\n",a);       // 默认右对齐，左边留空
    printf("a=%-10d\n",a);      // 有负号，左对齐，右边留空
    printf("a=%010d\n",a);      // 以 0 开始，则右对齐，左边补 0
}
```

【运行结果】

```
a=3456
a=      3456
a=3456
a=0000003456
```

【重点提示】如果输出总宽度小于实际数据宽度，则以实际数据宽度输出；如果输出总宽度大于数据实际宽度，则按其格式符说明进行内容填补，默认是在数据左边补空格。实际应用中，利用总宽度可以实现数据的对齐显示。

4. 格式描述——数据的精度

格式描述 %m.nf，用于指定数据按实数进行输出。其中，总宽度为 m，如果不指定总宽度或者总宽度不足时，均按实际数据宽度输出。n 表示精度位数，即小数点后保留 n 位。若实际小数位数大于 n，则四舍五入。如果不指定精度，无论是 float 型还是 double 型数据，%f 均会按默认 6 位的精度进行输出。

【例 3-3】考虑数据精度的格式描述

程序代码如下：

```
#include<stdio.h>
void main()
{
    double x = 3852.98934278;
    printf("1:$%f$\n",x);       // 小数点位数为系统默认，6 位小数
    printf("2:$%e$\n",x);       // 规格化实数，精确到小数点后 6 位
    printf("3:$%.2f$\n",x);     //2 位小数
     printf("4:$%3.1f$\n",x);   // 总宽度不足，按实际数据宽度输出，保留 1 位小数
    printf("5:$%10.3f$\n",x);   // 数字右对齐，字段不够用空格填充
    printf("6:$%10.3E$\n",x);   // 同上，用 E 代替 f，规格化指数格式
}
```

【运行结果】

```
1:$3852.989343$
2:$3.852989e+003$
3:$3852.99$
4:$3853.0$
5:$  3852.989$
6:$3.853E+003$
```

✎ 说明

> 用 %E 格式输出数据时，是按规格化指数表示输出数据，指数部分固定是 4 位，第 1 位是正负符号，指数部分数值不足 3 位的，输出时会在前面补 0。

对字符串数据，可以用 %m.ns 格式描述输出。其中，m 表示总宽度，n 表示输出字符的个数，若实际字符串中的字符个数大于 n，则截去超出的部分。

例如：

```
char ch[] = "abcdefg";
printf("$%.3s\n",ch);
printf("$%7.5s\n",ch);
```

【运行结果】

```
$abc
$  abcde
```

5. 格式描述——数据类型长短

长度格式符有 h、l 两种，h 表示按短整型量输出，l 表示按长整型量输出。

其中，l 如果用在 d、o、x、u 前，指定输出精度为 long 型；如果用在 e、f、g 前，则指定输出精度为 double 型。实际上，对于 double 型数据，%f 和 %lf 输出的效果一样。

【例 3-4】格式描述综合情形

程序代码如下：

```
#include <stdio.h>
void main()
{
    double x = 0.12345678912345678;
    char c = '\x41';
    printf("x=%lf\n",x);            // 输出双精度数
    printf("x=%18.16lf\n",x);       // 输出 18 列，小数点后 16 位
    printf("x=%18.16f\n",x);        //double 型数据，f 和 lf 效果一样
    printf("c=%c,c=%lx\n",c,c);     // 输出字符及其十六进制的 ASCII 码
}
```

【运行结果】

```
x=0.123457
x=0.1234567891234568
x=0.1234567891234568
c=A,c=41
```

✎ 说明

> 从中间两行的输出结果可以看出，对于 double 型数据，在使用 printf () 函数进行格式输出时，格式描述字符 f 和 lf 的作用等价。

【思考】如果将变量 x 的数据类型修改为 float 型，则中间两行的输出结果均为

```
x=0.1234567910432816
```

可以看出，数据表示的精度发生了变化，精度表示以外的数据位是无意义的随机数字。

3.2　格式化输入 scanf () 函数

3.2.1　scanf () 函数的使用形式

格式化输入 scanf () 函数和前面介绍的 printf () 函数在使用形式上很相像，形式如下：

```
int scanf(格式描述,输入参数);
```

它将键盘输入的字符数据转化为格式描述中"输入控制符"所规定格式的数据，然后存入输入参数对应的地址单元中。"输入控制符"和 printf () 函数中的"输出控制符"完全相同。例如，整型数据，printf () 函数输出时用 %d，scanf () 函数输入时也用 %d。

使用 scanf () 函数时要注意以下两点。

（1）scanf () 函数的输入参数是变量的地址，通常要用到取地址运算符"&"。

【难点辨析】输入的数据要存放到变量对应的地址单元中。所以输入参数要求提供地址值，否则运行时将出错。对于普通变量，用取地址运算符"&"可得到其地址。对于后面要介绍的数组和指针变量，直接写变量名称就代表其地址。

（2）scanf () 函数中变量类型及格式描述要对应一致。

【重点提示】double 型数据不能用 %f 格式获取数据，要用 %lf 格式。

【例 3-5】用 scanf () 函数获取输入数据并给双精度变量赋值

程序代码如下：

```
#include <stdio.h>
void main()
{
    double b;
    printf("输入一个实数: ");
    scanf("%lf",&b);        //&b 表示变量 b 的地址，& 是取地址运算符
    printf("You entered: %lf\n",b);
}
```

【运行结果】

```
输入一个实数: 123 ✓
You entered: 123.000000
```

📝 **说明**

> scanf() 函数执行时，等待从键盘输入内容，输入并按 Enter 键后，读取输入字符 123，然后按 %lf 格式描述将这些字符转换为实数，并放到变量 b 对应的地址单元中。由于输入参数的类型为 double 型，所以格式描述要用 %lf，输入的数据 123 会自动转换为实数。

3.2.2　运行时给 scanf() 函数输入数据

初学者使用 scanf() 函数输入数据时往往会犯各种错误，从而导致获取的数据没有达到预期要求。在提供数据时一定要按格式要求，具体要注意以下几点。

（1）从键盘输入的全部符号都是字符，实际输入数据将按格式描述进行转换处理。例如，输入控制符 %d 的含义是将数字字符转换成十进制数字。

（2）scanf() 函数是带缓冲输入的，也就是说从键盘输入的数据都会先存放在内存的一个缓冲区中。只有按 Enter 键后，scanf() 函数才到缓冲区获取数据，所获取数据的个数取决于"输入参数"的个数。

（3）从键盘输入数据时，给多个变量赋值的数据之间一定要用空格键、Enter 键或者 Tab 键隔开，以区分不同变量的赋值。换句话说，空格等不会作为数据被取用，而是被跳过。

（4）从键盘输入数据的类型、scanf() 函数中"输入控制符"的类型、输入变量的类型三者要一致。如果针对 %d 或者 %f 这样的输入控制符，在输入数据中遇到字母，那么它不会跳过也不会取用，而是直接从缓冲区跳出。

为了避免用户在输入中出现错误，优秀程序员在设计输入时会使用 printf() 函数给出输入提示信息，告知用户输入形式。例如：

```c
#include <stdio.h>
void main()
{
    int a,b;
    printf("请输入两个整数，中间以空格分隔：");   // 提示如何进行输入
    scanf("%d%d",&a,&b);
    printf("a = %d,b = %d\n",a,b);
}
```

程序运行时，用户看到提示就知道要输入两个整数，中间以空格分隔，更人性化。

【思考】如果用户运行时只输入一个数据就按 Enter 键，那么系统会在下一行继续等待用户输入剩余的数据。实际上，除了空格分隔，Enter 键也是 scanf() 函数获取输入数据的分隔符。

（5）scanf() 函数的格式描述字符串中除了格式说明符，如果出现其他字符必须按原样输入。

例如：

```c
scanf("a=%d,b=%d",&a,&b);
```

则正确的输入形式如下：

```
a=3,b=4 ✓
```

显然，这样增加了用户的输入量，所以在输入格式描述中一般不添加额外文字。

（6）可以指定输入数据所占列数，系统将按指定的列数截取输入数据。

例如：

```
scanf("%3d%4d",&a,&b);
```

输入：

```
123456789 ✓
```

则变量 a 得到的值为 123，变量 b 得到的值为 4567。

（7）输入数据不能规定精度。

例如，以下输入格式是非法的。

```
float x;
scanf("%5.2f",&x);
```

这样的格式，在输入数据时变量 x 将不能得到数据。

（8）用 scanf 获取字符串数据。

scanf() 函数用 %s 格式描述获取字符串。获取字符串时，空格不会作为输入数据的内容。只要遇到一个空格，scanf() 函数就会结束对当前字符串变量的数据读取。this is test 对 scanf() 函数来说是 3 个字符串。

例如，以下代码给 3 个字符串输入数据。

```
char s1[20],s2[20],s3[20];        // C 语言用字符数组表示字符串
scanf("%s%s%s",s1,s2,s3);         // 直接写数组名就是代表数组的地址
```

3.2.3　关于 scanf() 函数中的输入抑制符（%*）

如果在"%"后面，格式字符前面加上一个附加说明符"*"，表示跳过紧接在后面的格式描述所匹配的输入字符，%*c 称为输入抑制描述，相应输入的数据不会放入变量中。

设有两个整型变量 a、b，有以下输入语句：

```
scanf("%2d%*c%d",&a,&b);
```

假设输入数据为 23+521，则变量 a 得到的数据是 23，变量 b 得到的数据是 521，输入的"+"字符由于输入抑制描述 %*c 的作用被跳过。

【思考】针对上面的格式设计，分析以下输入得到的实际赋值效果。

● 输入 2345+23，结果为"a=23, b=5"，其中字符 4 被输入抑制描述匹配掉。
● 输入 5+234，结果为"a=5, b=234"，其中字符"+"被输入抑制描述匹配掉。

【难点辨析】实际上，输入抑制匹配的数据数量取决于 %* 后面的格式描述。例如，以下的格式描述中 %*2d 将抑制匹配掉两个数字字符。

```
scanf("%2d%*2d%d",&a,&b);          // 输入 234567 的结果是 a=23，b=67
```

3.3　单字符输入和输出函数

如果程序只需读取单字符或输出单字符，C 语言提供了专门的输入和输出函数。尽管前面的格式化输入和输出函数也能进行单字符的输入与输出，但用单字符输入和输出函数更为灵活。例如，所有单字符输入函数均可以获取空格等字符，getch () 函数可以不用等待用户按 Enter 键就可以得到字符，且可以做到让输入字符不回显在显示器上。

3.3.1　getchar () 函数与 putchar () 函数

1. getchar () 函数和 putchar () 函数的使用格式与特点

在 stdio.h 函数库中，有两个函数分别用来读取和输出单字符。

● int getchar (void)：从显示器读取一个字符，返回值为字符的编码。

● int putchar (int c)：将字符输出到显示器上，并返回相同的字符。

📢 注意

getchar () 函数也是从键盘缓冲区获取数据，在用户按了 Enter 键后才开始数据的获取。这点和 scanf () 函数获取数据是一样的。

以下程序在运行时虽然输入一串字符，但程序只读取首个字符，然后输出该字符。

```
#include <stdio.h>
int main()
{
    int c;
    printf("输入数据：");
    c = getchar();
    printf("You entered:");
    putchar(c);
}
```

【运行结果】

```
输入数据：running ↙
You entered: r
```

【思考】在程序运行时如果仅按了 Enter 键，那么字符变量 c 能获取到数据吗？结果如何？

可以改用 printf 语句的 %d 格式符输出字符的编码。这样即便输入了非显示的控制字符，也可以看到这个字符的编码值。

验证可以发现，在输入时直接按 Enter 键得到的输入字符是 '\n' 字符，它的编码值是 10。

2. getchar () 函数与 scanf () 函数配合获取数据

getchar () 函数还可以和 scanf () 函数配合来获取输入数据，getchar () 函数只能读取字符，这个字符可以是多种多样的，如空格、字母、数字，甚至回车换行等控制字符，但要获取其他类型的数据就要调用 scanf () 函数来实现，根据需要可以交替使用这两个函数获取数据。

【趣味问题】以下要输入一个两个整数相加的表达式，数据形式为 12+45，可以利用 scanf () 函数来获取两个整数，利用 getchar () 函数来读取加法运算符。

```
#include <stdio.h>
void main()
{
    int x,y;
    char c;
    printf("Enter a expression:");
    scanf("%d",&x);
    c = getchar();   // 读取中间的运算符
    scanf("%d",&y);
    printf("%d+%d=%d\n",x,y,(x+y));
}
```

【运行结果】

```
Enter a expression:10+45 ✓
10+45=55
```

说明

这里的 c=getchar () 函数实际上和 scanf ("%c", &c) 函数作用有些类似。但 getchar () 函数可以读取空格字符。而采用 scanf ("%c", &c) 函数则不能读取空格字符。

【思考】程序中并没有对读到的代表运算的字符"+"进行利用，实际应用中如果考虑支持多种运算，还可以对字符变量 c 的值进行判断，从而决定进行何种运算。

3.3.2　getch () 函数与 getche () 函数

getch () 函数定义在 conio.h 头文件中，其用途是从控制台读取一个字符，但不在显示器上回显。即用户看不到输入的字符。

关于 getch () 函数要注意以下两点。

● getch () 函数与 getchar () 函数功能基本相同，差别是 getch () 函数直接从键盘获取键值，不会等待用户按 Enter 键，只要用户按任意一个键，getch () 函数就立刻返回。

● getch () 函数返回值是用户输入字符的 ASCII 码，出错时返回 −1。

具体应用中可以将 getch () 函数的结果赋给字符变量，也可以不关注输入的字符值，只是让程序暂停，等待用户按任意键再继续。

在 conio.h 头文件中还定义了 getche () 函数，该函数与 getch () 函数相同的是会直接取用键盘输入的字符；它与 getch () 函数的差别在于可以将读入的字符回显到显示器上。

习　题

一、选择题

（1）以下程序的输出结果为（　　）。

```
main()
{
    char c1=97,c2=98;
    printf("%d %c",c1,c2);
}
```

A. 97 98　　　　B. 97 b　　　　C. a 98　　　　D. a b

（2）有以下程序：

```
void main()
{
    int m,n,p;
    scanf("m=%dn=%dp=%d",&m, &n, &p);
    printf("%d%d%d\n",m,n,p);
}
```

若想从键盘上输入数据，使变量 m 的值为 123，变量 n 的值为 456，变量 p 的值为 789，则正确的输入是（　　）。

A. m=123n=456p=789　　　　B. m=123 n=456 p=789

C. m=123, n=456, p=789　　　　D. 123 456 789

（3）以下程序的调试结果是（　　）。

```
 void main()
 {
    int x=-1;
    printf("%x\n",x);
 }
```

A. -1　　　　B. ffffffff　　　　C. 1　　　　D. 程序错误

（4）以下程序的运行结果为（　　）。

```
void main()
{
    int a=0,b=0;
    a = 10;
    b = 20;
    printf("a+b=%d\n",a+b);
}
```

A. a+b=1　　　B. a+b=30　　C. 30　　　　D. 出错

（5）若 w、x、y、z 均为 int 型变量，则要使以下语句的输出为 1234+123+12+1，正解的输入形式应当是（　　）。

```
scanf("%4d+%3d+%2d+%1d",&x,&y,&z,&w);
printf("%4d+%3d+%2d+%1d\n",x,y,z,w);
```

A. 1234123121<Enter>

B. 1234123412341234<Enter>

C. 1234+123+12+1<Enter>

D. 1234+1234+1234+1234<Enter>

（6）若 a、b 均为 int 型变量，x、y 均为 float 型变量，正确的输入函数调用是（　　）。

A. scanf ("%d%f", &a, &b);

B. scanf ("%d%f", &a, &x);

C. scanf ("%d%d", a, b);

D. scanf ("%f%f", x, y);

（7）x 为 int 型变量，且值为 65，不正确的输出函数调用是（　　）。

A. printf ("%d", x);

B. printf ("%3d", x);

C. printf ("%c", x);

D. printf ("%s", x);

（8）若 x、y 均为 double 型变量，正确的输入函数调用是（　　）。

A. scanf ("%f%f", &x, &y);

B. scanf ("%lf%lf", &x, &y);

C. scanf ("%d%d", &x, &y);

D. scanf ("%lf%lf", x, y);

（9）若输入 good bye，以下程序的运行结果为（　　）。

```
main()
{
    char a[5],b[5];
    scanf("%s%s",a,b);
    printf("%s,%s\n",a,b);
}
```

A. good, bye　　　　　　　B. good,

C. good bye　　　　　　　D. good, bye\n

（10）以下程序的运行结果为（　　）。

```
double x;
x = 218.82631;
printf("%-6.1e\n",x);
```

A. 输出格式描述符的域宽不够，不能输出

B. 输出为 21.38e+01

C. 输出为 2.2e+002

D. 输出为 -2.14e2

（11）设有以下程序段：

```
char ch='a';
int k=12;
printf("%c,%d,",ch,ch,k);
printf("k=%d \n",k);
```

则执行上述程序段后的输出结果为（　　　）。

A. 因变量类型和格式描述符的类型不匹配，输出无定值

B. 输出项与格式描述符不匹配，输出零或不定值

C. a, 97, 12k=12

D. a, 97, k=12

二、写出下列程序的运行结果

程序 1：

```
#include <stdio.h>
void main()
{
    float f = 23.1418;
    printf("f=%f\n",f);
    printf("f=%10.3f\n",f);
}
```

程序 2：

```
#include <stdio.h>
void main()
{
    char c = 65;
    printf("c=%c,ASCII=%d\n",c,c);
    printf("c=%c,ASCII=%d\n",c+1,c+1);
}
```

程序 3：

```
#include<stdio.h>
void main()
{
    int a=5,b=7;
    float x=67.8564,y=-789.124;
    char c='A';
    long n=1234567;
    printf("%d%d\n",a,b);
    printf("%3d%3d\n",a,b);
    printf("%f,%f\n",x,y);
```

```
        printf("%-10f,%-10f\n",x,y);
        printf("%8.2f,%8.2f,%4f,%4f\n",x,y,x,y);
        printf("%e,%10.2e\n",x,y);
        printf("%c,%d,%o,%x\n",c,c,c,c);
        printf("%ld,%lo,%x\n",n,n,n);
        printf("%s,%5.3s\n","COMPUTER","COMPUTER");
    }
```

程序 4:

```
    #include<stdio.h>
    void main()
    {
        int a = 1234;
        float f = 123.456;
        printf("%08d\n",a);
        printf("%010.2f\n",f);
        printf("%0+8d\n",a);
        printf("%0+10.2f\n",f);
    }
```

三、编程题

（1）从键盘输入一个大写字母，要求输出相应的小写字母。

　　（提示：相同字母的大写字母和小写字母之间的 ASCII 码之差是固定的。）

（2）从键盘输入一个整数，将该数分别以八进制和十六进制的方式输出。

第 4 章　表达式与运算符

本章知识目标：

❑　熟悉各类运算符的使用，了解其优先级与结合性。

❑　了解常用数学函数的使用。

❑　掌握表达式的计算，特别是混合类型数据计算中的类型转换。

❑　了解自动类型转换和强制转换。

表达式是程序设计语言中表达计算关系的运算式子，它由操作数和运算符按一定的语法形式组成。一个常量或一个变量可以看作表达式的特例，其值即该常量或变量的值。在表达式中，表示各种不同运算的符号称为运算符，参与运算的数据称为操作数。

4.1　运算符的分类

组成表达式的运算符有很多种，按操作数的数目可分为以下几种。

（1）一元运算符。只需一个运算对象的运算符称为一元运算符。例如，++、--、+、-等。例如：

```
x = - x;              // 将 x 的值取反赋值给 x
y = ++ x;             // 将 x 的值加 1 赋值给 y
```

一元运算符有前缀表示和后缀表示两种形式。

1）前缀表示是指运算符出现在运算对象之前。例如：

```
operator op          // 前缀表示
```

2）后缀表示是指运算符出现在运算对象之后。例如：

```
op operator          // 后缀表示
```

（2）二元运算符。需要两个运算对象的运算符称为二元运算符。例如，赋值号“＝”可以看作一个二元运算符，它将右边的运算对象赋值给左边的运算对象。其他二元运算符有 +、-、*、/、>、<等。例如：

```
x = x + 2;
```

所有的二元运算符都使用中缀表示，即运算符出现在两个运算对象的中间。例如：

```
op1 operator op2  // 中缀表示
```

（3）三元运算符。三元运算符需要 3 个运算对象。C 语言有一个三元运算符“?:”，它是一个简单的 if…else 语句。三元运算符也是使用中缀表示。例如：

```
op1 ? op2 : op3    // 其含义是如果 op1 结果为真值，执行 op2；否则，执行 op3
```

运算除了执行一个操作，还有结果值。结果值的类型取决于运算符和运算对象的类型。例如，算术运算符（如加、减）的结果类型取决于它的运算对象的类型：如果两个整型数相加，那么结果为整型数；如果两个实型数相加，那么结果为实型数。

在 C 语言中，可将运算符分成算术运算符、关系运算符、逻辑运算符、位运算符、赋值组合运算符和其他运算符。

4.1.1　算术运算符

算术运算是针对数值类型操作数进行的运算。根据需要参与运算的操作数的数目要求，可将算术运算符分为双目算术运算符和单目算术运算符两种。

1. 双目算术运算符

双目算术运算符如表 4-1 所示。

表 4-1　双目算术运算符

运　算　符	用　　法	描　　述	举　　例	结　　果
+	op1 + op2	op1 加上 op2	5+6	11
−	op1 − op2	op1 减去 op2	6.2-2	4.2
*	op1 * op2	op1 乘以 op2	3*4	12
/	op1 / op2	op1 除以 op2	7/2	3
%	op1 % op2	op1 除以 op2 的余数	9%2	1

使用双目算术运算符要注意以下 3 点。

（1）"/" 运算对于整数运算和浮点数运算的情况不同，7/2 结果为 3，而 7.0/2.0 结果为 3.5。也就是说，整数相除将舍去小数部分，而浮点数相除则要保留小数部分。

（2）取模运算 "%" 在 C 语言中只能用于整数运算，用来得到整除结果的余数部分。例如，7%4 的结果为 3。但当运算量有负数时，结果的正负性取决于被除数的正负。例如，-7%2 的结果为 -1，7%-2 的结果为 1。

（3）字符型数据在 C 语言中可以当作整数对待，两个字符型数据相减是其 ASCII 编码值之差。例如，'9'-'0' 的结果是 9，利用这个特点可以将数字字符转换为对应的数字值。与字符常量一样，字符变量也可以出现在任何允许整型变量参与的运算中。

【重点提醒】在书写表达式时还要注意以下几点。

（1）与数学表示不同，表达式中各操作数和运算符应在同一水平线上，没有上下标和高低之分。例如，(5+3)*2/3，该表达式的运算结果为 5。

（2）乘法运算不能省略"*"号运算符。例如，根据 x 计算 y 的值，数学式子"y=2x+1"要写成"y=2*x+1"这样一条赋值语句。

（3）C 语言表达式中，要体现表达式中计算的优先次序全部用圆括号。例如，((x+1)/(y%2)+1)%3。不能采用中括号和大括号，各种括号在程序中作用不同。

2. 单目算术运算符

单目算术运算符如表 4-2 所示。

表 4-2　单目算术运算符

运　算　符	使用形式	描　　述	功能等价
++	++a a++	预自增 后自增	a=a+1
--	--a a--	预自减 后自减	a=a-1
-	-a	求相反数	a=-a

++ 和 -- 运算符只能用于变量，不能用于常量或表达式。这两个运算符的结合方向是"自右向左"。对"i+++j"这样的表达式应如何理解呢？C 语言编译在处理时尽可能多地（自左向右）将若干个字符组成一个运算符。因此，会将"i+++j"理解为"(i++)+j"。

有关自增和自减运算符，需要注意运算对变量值的影响、表达式的结果差异以及运算次序差异等。下面讨论 ++ 运算符的使用。它与 -- 运算符的使用类似。

【重点问题】a++ 和 ++a 的使用比较。

（1）a++ 和 ++a 的共同之处：a++ 和 ++a 都是对变量 a 增值 1。

（2）a++ 和 ++a 两个表达式的结果差异：++a 的值为增值后 a 的值；而 a++ 的值是 a 的原值，即增值前 a 的值。

例如：

```
int    a = 2;
printf("%d\n",a++);        // 输出 2，但 a 值变成了 3
printf("%d\n",a);          // 输出 3
printf("%d\n",++a);        // 输出 4，a 值变为 4
```

（3）a++ 和 ++a 的运算次序差异。

① ++a 是先处理 a 自加运算，然后将 a 的新值用于所在表达式的其他运算，所以也叫预增值。简要地说，++a 是"先增值，后取值"。

按照表达式的运算次序，有可能实际从变量获取的值是两次预增后的值。

例如：

```
int a = 10;
a =(++a +(++a))* 10;       // 结果 a=240，即 (12+12)*10=240
```

说明

> 加法操作要等两边的运算量先算出来再进行，两次 ++a 增值操作后，a 的值变成了 12。在进行取值时是将两个 12 进行相加，然后乘以 10，最终赋值结果是 240。

当然，预增也要建立在表达式的运算次序的基础上，看以下程序的运算过程：

```
int a = 10;
a =(++a +(++a)+(++a))* 10;        // 结果 a=370，即 (12+12+13)*10=370
```

说明

> 这里有两个加法运算，前面的加法操作计算完后，再进行后面的加法操作，也就是说，后面的 ++a 并没有先做，这个给 a 预增操作是在前面加法操作运算结束后进行的。

② a++ 是先读取 a 的值用于表达式中其他运算，在整个表达式运算结束再将 a 增值 1，所以称为后增值。简要地说，a++ 是"先取值，后增值"。

例如：

```
int a = 10;
a =(a++ + a++)* 10;        // 结果 a=202，即 (10+10)*10+1+1=202
```

说明

> a++ 的增值操作是整个表达式计算结束时进行，赋值号右边的表达式运算过程中 a 一直是 10，最后完成赋值操作后，即在 a 赋值 200 后再给 a 进行两次增值操作，所以 a 的值为 202。

下面将程序变化一下，将表达式计算结果赋值给变量 b，观察 a、b 变量的赋值顺序。

```
int a = 10,b;
b =(a++ + a++)* 10; ;
printf("%d,%d\n",a,b);    // 结果 12, 200
```

说明

> 这里的两个 a++ 是后增值，a 的两次增值是在赋值操作执行后进行，可以看出，b 的结果不受 a 的增值影响。

【难点辨析】在 printf () 函数中输出表达式的计算与输出过程。

printf () 函数输出数据时要经历先计算后输出的过程。也就是说，要先计算将要输出的对象，然后套用格式描述符进行输出。

printf () 函数在计算表达式时，一般按照自右向左的次序进行，这点对于不同系统有所差异，也有的系统按自左向右的次序计算。计算时同样要注意，++a 是先增值，取增值后 a 的值参与计算；而 a++ 是处理完输出语句中的所有表达式后再给变量 a 增值。

在计算和输出过程中，用堆栈保存输出数据，计算时将每个输出项的计算结果压入栈中，输出时再从栈中弹出数据套用格式描述符进行转换。堆栈的访问特点是后进先出，因此，实际输出显示还是按自左向右的次序。

例如：

```
int    a = 2;
printf("%d,%d,%d\n",a++,a,++a);        // 输出 3, 3, 3
printf("%d\n",a);                      // 输出 4
```

✐ **说明**

> 第 1 个 printf () 函数输出涉及多个表达式，按自右向左的次序计算。首先，最右边 ++a 计算结果为 3；其次，中间 a 为 a 增值后的值，也为 3；最后，左边 a++ 的值为 3。整个输出语句中 a 还要后增值 1 次，因此，最终 a 的值是 4。

4.1.2　关系运算符

关系运算符也称为比较运算符，是用于比较两个数据之间大小关系的运算。常用的关系运算符如表 4-3 所示。关系运算结果是逻辑值（真或假），如果 x 的值为 5，则 x>3 的结果为真。

【重点提醒】在 C 语言中，用非 0 表示"逻辑真"，用 0 表示"逻辑假"。关系运算如果是成立的，则结果为 1；否则，结果为 0。

表 4-3　常用的关系运算符

运　算　符	用　　法	描　　述	举　　例
>	op1 > op2	op1 大于 op2	x>3
>=	op1 >= op2	op1 大于等于 op2	x>=4
<	op1 < op2	op1 小于 op2	x <3
<=	op1 <= op2	op1 小于等于 op2	x <=4
==	op1 == op2	op1 等于 op2	x ==2
!=	op1 != op2	op1 不等于 op2	x!=1

📢 **注意**

> C 语言中表示相等是用"=="运算符，而运算符"="是代表赋值，两者的求值结果是完全不同的。

实际应用中应避免对实数做相等或不等的判断，表达式"1.0/3.0*3.0 == 1.0"在不同机器环境下可能得到两个相反的结果，因为实数计算存在误差，写成"1.0/3.0*3.0-1.0<=1E-6"更合适。

【代码思考】观察以下程序中表达式的输出结果。

```
#include<stdio.h>
void main()
{
    int x = 4;
    printf("x++>4 的结果为 %d\n",x++>4);
    printf("x==4 的结果为 %d\n",x==4);
    printf("x=4 的结果为 %d\n",x=4);
}
```

【运行结果】

x++>4 的结果为 0
x==4 的结果为 0
x=4 的结果为 4

📑 说明

在思考程序计算和输出过程时，要时刻注意变量值的变化情况，"x++>4"在计算时 x++ 的结果为 4，显然"4>4"不成立，因此，输出结果为 0，但要注意 x 的值已经增值变为 5，所以，接下来的计算表达式"x==4"也不成立。最后的"x=4"是一条赋值语句，其结果为 x 的赋值结果作为表达式的值，也就是 4。

4.1.3 逻辑运算符

一般情况下，逻辑运算符针对逻辑量进行运算，但要注意，在 C 语言中，用 0 表示"逻辑假"，用非 0（含负数）表示"逻辑真"，在逻辑运算的结果中，0 表示"逻辑假"，1 表示"逻辑真"。C 语言支持的逻辑运算符如表 4-4 所示。

表 4-4　C 语言支持的逻辑运算符

运 算 符	含 义	用 法	何时结果为真	附 加 特 点
&&	逻辑与	op1 && op2	op1 和 op2 都是真时	op1 为假（0）时，不计算 op2
||	逻辑或	op1 || op2	op1 或 op2 是真时	op1 为真（非 0）时，不计算 op2
!	逻辑非	! op	op 为假时	

1. 正确使用逻辑运算符表达问题的逻辑关系

由于 C 语言用 1 和 0 来表示关系比较的结果，因此，在语法上也支持一些特殊的表达形式。但其结果往往不符合问题要求。

例如，要判断成绩 x 是否良好，初学者会想到用数学的表达方式"80<=x<90"来表达，它在 C 语言中语法是正确的，也可以正常编译，但正确性如何呢？

按运算次序，表达式"80<=x"的结果无论是 1 或 0，它都满足小于 90 的条件。所以，"80<=x<90"这个表达式恒真，也就是说，x 为任何数据时它的结果都是 1。这显然跟要求不符。

正确的做法是利用逻辑运算符来连接关系运算式，写成"80<=x && x<90"。

编程中熟练使用逻辑运算符可以表示复杂的条件判断问题。

【趣味问题】判断年份 year 是否为闰年。闰年必须符合下面两个条件之一。

① 能被 4 整除，但不能被 100 整除。

② 能被 400 整除。

用关系运算符和逻辑运算符结合来表达以上条件，可以写成以下表达式。

```
year % 4 == 0 && year % 100 != 0 || year % 400 == 0
```

【趣味问题】要判断 3 个实数变量 a、b、c 能否构成三角形的 3 条边，条件式可以表示为"a+b>c && a+c>b && b+c>a"，即符合任意两边之和大于第三边的条件。

2. 注意逻辑运算符的附加特点

逻辑表达式计算时要注意，&& 和 || 两个逻辑运算符的附加特点，即在某些情况下，系统不会对整个逻辑表达式的各部分进行计算。例如，逻辑表达式 (x%2==0) && (++x>8)，当 x 为奇数时，x%2==0 的值为 0，则断定整个逻辑运算结果为 0，逻辑运算符 && 右边的（++x>8）没被计算。

思考以下程序的运行结果，注意 m++ 和 ++m 的使用差异以及逻辑运算符的附加特点。

【例 4-1】逻辑运算符的使用

程序代码如下：

```
#include<stdio.h>
void main()
{
    int x,y,m = 4;
    printf("result1=%d\n",m++);
    printf("result2=%d\n",(++m));
    x =(m>=6)&&(m%2==0);
    y =(m<=6)||(++m==7);
    printf("result3=%d\n",x);
    printf("result4=%d\n",y);
    printf("m = %d\n",m);
}
```

【运行结果】

```
result1=4
result2=6
result3=1
result4=1
m = 6
```

📝 说明

在给 y 赋值的表达式计算中，逻辑运算符 "||" 左边的关系表达式 "m<=6" 结果为真，将不计算其右边部分，也就是右边表达式 "++m==7" 不会参与整个表达式的计算，其中的 ++m 也没机会执行，因此，m 的值保持为 6。

4.1.4　位运算符

位运算是对操作数以二进制比特（bit）位为单位进行的操作运算，位运算的操作数和结果都是整型量。位运算符和相应的运算规则如表 4-5 所示。

表 4-5　位运算符和相应的运算规则

运　算　符	用　　法	操　　作
~	~op	结果是 op 按比特位求反
>>	op1 >> op2	将 op1 右移 op2 个二进制位
<<	op1 << op2	将 op1 左移 op2 个二进制位
&	op1 & op2	op1 和 op2 都是真，结果才为真
|	op1 | op2	op1 或 op2 有一个是真，则结果为真
^	op1 ^ op2	op1 和 op2 是不同值时结果为真

1. 移位运算符

移位运算是将某一变量所包含的各比特位按指定方向移动指定的位数，移位运算符通过对第 1 个运算对象左移位或者右移位来对数据执行位操作。移动的位数由右边的操作数决定，移位的方向取决于移位运算符本身。移位运算符使用示例如表 4-6 所示。

表 4-6　移位运算符使用示例

x（十进制表示）	x 的二进制补码表示	x<<2	x>>2
16	00010000	01000000	00000100
-8	11111000	11100000	11111110

以 char 型数据为例，char 型变量只占 1 个字节（8 位）存放数据，最高位为符号位，可通过以下代码进行测试。

```
char x = 16;
printf("%d\n",x>>2);      //结果为 4
```

可以发现这样的规律：每右移 1 位，数据会缩小 1 倍；每左移 1 位，数据会增大 1 倍。

在进行移位运算时要注意，数据在计算机内以二进制补码的形式存储，正负数的区别在最高位：如果最高位为 0，则数据是正数；如果最高位为 1，则数据为负数。对数据的移位操作不会改变数据的正负性质，左移 n 位，则右边空出部分补 0；右移 n 位，则左边空出部分补符号位；对 unsigned 型的无符号数据进行右移时，左边空出的部分补 0。

2. 按位逻辑运算

位运算符 &、|、~、^ 分别提供了基于位的与（AND）、或（OR）、求反（NOT）、异或（XOR）操作。其中，异或是指两位值不同时，对应结果位为 1；否则为 0。

📢 **注意**

> 在进行位逻辑运算时，各位上的 1 相当于逻辑真，0 相当于逻辑假。

还是以字符型数据为例，假设 x=13，y=43，计算逻辑与和逻辑非。

x 和 y 均占用 1 个字节，x 和 y 的二进制为：x=00001101，y=00101011。

~x 结果应为 11110010，其对应的十进制为 -14。

可以按照数据的二进制表示来验证一下，14 的二进制为 1110，补全 8 位为 00001110，-14 的补码是 14 的原码求反加 1，即 11110001+1=11110010。

用按位逻辑与进行计算，可以得到 x & y = 00001001，即十进制的 9。

以下用代码验证运算结果。

```
char x = 13,y = 43;
printf("%d,%d\n",x & y,~x);         // 输出结果为 9，-14
```

【趣味问题】用位逻辑运算从存储汉字字符的整型变量中分离出汉字的 2 个字节。

程序代码如下：

```
#include <stdio.h>
void main()
{
    int  c = '汉';
    printf("%c%c\n",(c >> 8)& 0xff,c & 0xff);
}
```

【运行结果】

汉

✏️ **说明**

> 一个汉字字符要占 2 个字节，所以，汉字字符不能存储在字符型变量中，但可以存储在整型变量中。将存放汉字编码的整型变量与 0xff 按位进行逻辑与运算，可以分离出汉字的最低字节；通过移位运算将数据右移 8 位，然后再与 0xff 按位进行逻辑与运算，可以分离出汉字的高位字节；最后，按 %c 格式由高到低输出 2 个字节的数据就可以看到完整的汉字。该代码段演示了如何分离出一个数据的某个字节的技巧。

4.1.5　赋值组合运算符

赋值组合运算符是指在赋值运算符的左边有一个其他运算符。例如：

```
x += 2;              // 相当于 x = x + 2
x *= y + 8;          // 相当于 x = x *(y + 8)
```

其功能是先将左边变量与右边的表达式进行某种运算后，再把运算的结果赋给变量。能与赋值运算符结合的运算符包括算术运算符（+、-、*、/、%）、位运算符（&、|、^、>>、<<、>>>）。

【思考】假设 x 值为 8，则执行运算"x%=3"后 x 的结果是多少？

4.1.6　其他运算符

除了以上介绍的几种运算符，C 语言还提供了一些共他运算符。其他运算符的简要说明如表 4-7 所示。这些运算符的具体应用将逐步进行介绍。

表 4-7　其他运算符

运　算　符	描　　述	运　算　符	描　　述
?:	作用相当于 if…else 语句	（type）	强制类型转换
[]	用于声明数组、创建数组以及访问数组元素	,	逗号运算符，用于逗号表达式

1. 条件运算符的使用

条件运算符是 C 语言提供的唯一的一个三元运算符，其结构如下：

条件？表达式 1：表达式 2

其含义是如果条件的计算结果为真，则结果为表达式 1 的计算结果；否则为表达式 2 的计算结果。

【趣味问题】用以下语句可以求两个变量 a、b 中的最大值。

```
x =（a>b）? a : b;
```

【趣味问题】以下表达式可以得到 b 的绝对值并赋值给 a。

```
a =(b>0)?b:-b;
```

当 b>0 时，a=b；当 b≤0 时，a=-b。

【思考】对于整型变量 x，如何理解表达式"(x%2==1)?1:0"所表达的实际意义？

判别"?:"运算式的结果类型时要注意混合运算的类型转换问题。

【难点辨析】假设整型变量 x 的值为 3，则表达式"x>1 ? 2 : 1.5"的运算结果是 2.0，不是 2，原因在于出现不同类型数据的混合运算时，会先将操作数的类型按由低级到高级进行转换后再运算，这里就是将 2 转换为 2.0。

2. 逗号运算符的使用

C 语言还支持逗号运算符，逗号表达式的形式如下：

表达式 1，表达式 2，…，表达式 n

逗号表达式的计算是从左向右依次计算每个表达式的值，然后取最右边"表达式 n"的值作为逗号表达式的结果。

由于逗号运算符的优先级最低，如果要提高其优先级，可以用圆括号将其括起来。

【代码思考】思考以下程序段的执行结果。

```
int a,b,c,d;
d=(a=1,b=a+2,c=b+3);
printf("%d,%d,%d,%d\n",a,b,c,d);          //结果为 1，3，6，6
```

4.2 运算符的优先级

运算符的优先级决定了表达式中不同运算执行的先后顺序，优先级高的先运算。圆括号的优先级最高，可以采用添加圆括号的办法让期望的表达式先进行计算。C 语言运算符的优先级与结合性如表 4-8 所示。本书的优先级表达是优先级值小的代表优先级高，优先级值为 1 代表最高优先级。

表 4-8 C 语言运算符的优先级与结合性

运 算 符	描 述	使 用 形 式	优 先 级	结 合 性
()	圆括号	（表达式） 函数名（形参表）	1	左
->	成员选择（指针）	对象指针 -> 成员名		
[]	数组下标	数组名［常量表达式］		
.	成员选择（对象）	对象.成员名		
++、--	后缀自增 1、自减 1	变量名 ++ 变量名 --	2	右
++、--	前缀自增 1、自减 1	++ 变量名 -- 变量名		
~	按位取反	~表达式		
*	取值运算符	* 指针变量		
&	取地址运算符	& 变量名		
!	逻辑非	! 表达式		
sizeof	求占字节数	sizeof（表达式）		
-、+	算术符号（负、正号）	- 表达式 + 表达式		
(type)	强制类型转换	（数据类型）表达式	3	

续表

运 算 符	描 述	使 用 形 式	优 先 级	结 合 性
*、/、%	乘、除、取模	表达式 * 表达式	4	左
+、-	加、减	表达式 + 表达式	5	
<<、>>	移位	变量 >> 表达式	6	
<、>、<=、>=	关系运算符	表达式 > 表达式	7	
==、!=	相等性运算符	表达式 == 表达式	8	
&	位逻辑与	表达式 & 表达式	9	
^	位逻辑异或	表达式 ^ 表达式	10	
|	位逻辑或	表达式 | 表达式	11	
&&	逻辑与	表达式 && 表达式	12	
||	逻辑或	表达式 || 表达式	13	
?:	条件运算符	表达式 1? 表达式 2: 表达式 3	14	
=、+=、-=、*=、/=、%=、&=、^=、|=、<<=、>>=	赋值运算符 赋值组合运算符	变量 = 表达式 变量 *= 表达式	15	右
,	逗号运算符	表达式，表达式，…	16	左

一般而言，单目算术运算符优先级较高，赋值运算符优先级低，逗号运算符优先级最低。

在算术表达式中，"*"号的优先级高于"+"号，所以，5 + 3 * 4 相当于 5 + (3 * 4)。

在逻辑表达式中，关系运算符的优先级高于逻辑运算符 && 和 ||，所以，x > y && x < 5 相当于 (x > y) && (x < 5)。

在运算符优先级相同时，运算的次序取决于运算符的结合性。例如，4 * 7 % 3 应理解为 (4 * 7) % 3，结果为 1；而不是 4 * (7 % 3)，结果为 4。

运算符的结合性分为左结合和右结合，左结合就是按自左向右的次序计算表达式。例如，上面的 4 * 7 % 3；而右结合就是按自右向左的次序计算表达式。例如，a = b = c 相当于 "a = (b = c)"；"a ? b : c ? d : e"相当于 "a ? b : (c ? d : e)"。

【难点辨析】设 a=12，按照运算符的优先级和结合性，分析表达式 a+=a-=a*a 的计算过程。

首先，计算 a-=a*a 部分，即 a=a- (a*a)，得 a = 12-144 = -132。

其次，再计算 a+=-132，即 a=a+ (-132)，得 a = -132 + (-132) = -264。

【例 4-2】将输出结果精确到小数点后两位数字

输入华氏温度（c），输出摄氏温度（f）。转换公式为 c=5/9 (f-32)，将输出结果精确到小数点后两位数字。

程序代码如下：

```
#include <stdio.h>
```

```
void main()
{
    double c,f;
    printf(" 请输入一个华氏温度：");
    scanf("%lf",&f);
    c = 5.0/9.0 *(f-32);
    printf(" 摄氏温度为：%.2f\n",c);
}
```

【运行结果】

```
请输入一个华氏温度：36.4
摄氏温度为：2.44
```

✏️ 说明

在输入转换公式时，要注意不能直接写 5/9，因为 5 和 9 会被系统认定为整型，5/9 为整除运算，结果为 0，不符合要求。

4.3　各种类型数据的数值转换

在表达式计算时，如果出现各种类型数据的混合运算，系统将按自动转换原则将操作数转换为同一数据类型，再进行运算。例如，一个整型数据和一个浮点型数据进行运算，结果为浮点型。一个字符型数据和一个整型数据相加，则结果是字符的编码值与整数相加后得到的整数值，即为整型。C 语言中数据类型转换可出现在以下场合：①表达式运算时；②赋值语句执行时；③ printf ()函数输出数据进行格式套用时；④函数调用的参数传递时。

4.3.1　自动类型转换

一个表达式中整型、实型和字符型数据可以进行混合运算，较低数据类型将自动向较高数据类型转换。不同数据类型之间的差别在于数据的表示范围及精度，一般情况下，数据的表示范围越大、精度越高，其数据类型也就越"高级"。在表达式计算时，按计算优先次序，将要计算的运算符所涉及的运算量的数据按由低到高转换为相同类型，然后进行运算。

数据类型的转换级别由低到高依次为

```
char->short->int->unsigned int->long->float->double
```

📢 注意

对于较短的一般整型数据（包括 char 型和 short 型）在参与运算时，默认转换为标准 int 型，以提高运算精度。

以下代码演示了 short 型和 char 型数据在表达式运算中自动转换为 int 型。

```
short f1 = 2;
short f2 = 3;
char c='1';
printf("%d\n",sizeof(f1));          // 输出 2
printf("%d\n",sizeof(c));           // 输出 1
printf("%d\n",sizeof(f1+f2));       // 输出 4
printf("%d\n",sizeof(f1+c));        // 输出 4
```

可以看到，无论是两个 short 型数据相加，还是 short 型和 char 型数据相加，char 型和 short 型均需转换为 int 型，再进行运算。

对于浮点型数据，float 型并不会自动转换为标准的 double 型。除非出现 float 型和 double 型的混合运算，才会将 float 型数据转换为 double 型数据。

例如，以下表达式是 float 型数据与 int 型数据进行运算，结果数据类型仍然为 float 型。

```
printf("%d\n",sizeof(2.7f + 4));        // 输出 4
```

而以下表达式中 "2.8f + 1.5" 的最终结果为 double 型。

```
printf("%d\n",sizeof(2.8f + 1.5));      // 因为数据 1.5 是 double 型
```

下面看表达式 "3.2 + 123 / 'a'" 的计算过程。

按照运算符的优先级，首先进行除法运算，被除数是 int 型，除数是 char 型，所以，将 'a' 转换为 int 型，即其对应的 ASCII 码为 97，也就是 123 和 97 进行除法运算，结果为 1；其次，再进行 3.2+1 的运算，1 转换为 1.0 后再与 3.2 相加，最后的结果为双精度浮点数 4.2。

4.3.2　赋值转换

赋值转换是赋值运算时程序设计中使用最频繁的运算。当赋值运算符的右值（可能为常量、变量或表达式）类型与左值类型不一致时，将右值类型提升或降低为左值类型。

具体处理方式如下。

（1）将浮点数赋给整型变量，该浮点数小数被舍去。

（2）将整数赋给浮点型变量，数值不变，但是被存储到相应的浮点型变量中。

例如：

```
double d = 3.14f;
```

由于左值为双精度浮点型，故先把右值单精度浮点型常量 3.14f 提升为双精度浮点型后，再赋值给 d。

例如：

```
int n = 5.25;        // 右值 5.25 为双精度浮点型，左值为整型
```

右值双精度浮点型 5.25 降低为左值整型，舍弃小数部分后，把 5 赋给整型变量 n，这种情况会丢失精度。

有些编译系统在检测到存在丢失数据精度的赋值转换时，会给出警告性信息。

如果赋值运算符右值类型表示的范围超出了左值类型的表示范围，将把该右值截断后，再赋给左值。这种情况下，所得结果可能毫无意义。例如：

```
char c;                 // char 占 8 位，表示范围 -127～128
c = 500;                // 500 超出了 1 个字节表示范围，要占用 2 个字节，数据为 00000001, 11110100
printf("%d",c);         // 以十进制输出 c 的值
```

输出结果为 -12，因为只取 500 的低 8 位赋给字符型变量 c，故得到毫无意义的值。

4.3.3　强制类型转换

在某些情况下，也可以使用强制类型转换，强制类型转换形式如下。

```
（类型说明符）（表达式）；
```

其功能是把表达式的运算结果强制转换为类型说明符所表示的类型。当表达式为变量或常量时，可以省略后面的括号，但类型说明符外的小括号不能省略。

📢 **注意**

> (int) (a+b) 和 (int) a+b 的区别。前者是把 a+b 的结果转换为整型，后者则是把 a 的值转换为整型再和 b 相加。

以下分析表达式 "2.7 + 7 % 3 * (int) (2.5 + 4.8) % 2" 的计算过程。

按照运算符的优先级和结合性，其计算过程如下。

（1）先计算 7%3，其结果为 1。表达式变为 "2.7 + 1 * (int) (2.5 + 4.8) % 2"。

（2）计算 2.5+4.8，其结果为 7.3。表达式变为 "2.7 + 1 * (int) (7.3) % 2"。

（3）将 7.3 强制转换为 int，也就变为 7。表达式变为 "2.7 + 1 * 7 % 2"。

（4）计算 1*7，其结果为 7。表达式变为 "2.7 + 7 % 2"。

（5）计算 7%2，其结果为 1。表达式变为 "2.7 + 1"。

（6）最后表达式的结果为 3.7。

【例 4-3】混合运算的数据类型转换

程序代码如下：

```
#include <stdio.h>
void main()
{
    char c = 'a';
    int d = 'c'-c;              // 两字符相减结果为它们的 ASCII 编码值之差
```

```
    int x = c+1;          // 字符与整数运算时，将字符转换为整数后再运算
    char c2 =(char)x;      // 强制转换为 char 型
    printf("%c\t%d\t%d\t%c\n",c,d,x,c2);
}
```

【运行结果】

```
a        2        98        b
```

✎ 说明

> 将整数赋值给字符型变量可以不用进行强制转换，C 语言会自动进行赋值转换。

4.4 常用数学函数

在表达式中还允许出现函数计算，下面列出了头文件 math.h 中定义的常用数学函数。

- double cos (double x)：返回弧度角 x 的余弦。
- double sin (double x)：返回弧度角 x 的正弦。
- double exp (double x)：返回 e 的 x 次幂的值。
- double log (double x)：返回 x 的自然对数（基数为 e 的对数）。
- double log10 (double x)：返回 x 的常用对数（基数为 10 的对数）。
- double pow (double x, double y)：返回 x 的 y 次幂。
- double sqrt (double x)：返回 x 的平方根。
- double ceil (double x)：返回大于或等于 x 的最小的整数值。
- double fabs (double x)：返回 x 的绝对值。
- double floor (double x)：返回小于或等于 x 的最大的整数值。
- double fmod (double x, double y)：返回 x 除以 y 的余数。

以上函数的参数均为 double 型，但函数使用时可以使用整型数据作为实际参数，因为函数调用进行参数传递时会将整型转换为 double 型。

【例 4-4】调用数学函数

程序代码如下：

```
#define PI 3.14159     // 定义常量
#include <stdio.h>
#include <math.h>
void main()
{
    double x = 5.65;
    printf("x=%lf\n",x);
    printf("floor(x)=%lf\n",floor(x));
```

```
    printf("sqrt(9)=%lf\n",sqrt(9));
    printf("cos(45°)=%lf\n",cos(45*PI/180));
}
```

【运行结果】

```
x=5.650000
floor(x)=5.000000
sqrt(9)=3.000000
cos(45°)=0.707107
```

说明

floor (5.65) 的结果为 5.0，它是求不大于参数 5.65 的最大整数，但其结果是实数。sqrt (9) 的结果是实数 3.0，而不是整数 3。三角函数 cos() 的实际参数为弧度表示，求 cos (45°) 要将参数由角度转化为弧度表示。

【趣味问题】求数学方程式 $ax^2+bx+c=0$ 的根。

求一元二次方程两个实数根的数学公式为

$$x_1 = \frac{-b+\sqrt{b^2-4ac}}{2a}$$

$$x_2 = \frac{-b-\sqrt{b^2-4ac}}{2a}$$

求方程根的表达式可以表示为以下形式：

```
x1 =(-b+sqrt(b*b-4*a*c))/(2*a);
x2 =(-b-sqrt(b*b-4*a*c))/(2*a);
```

输入方程的 3 个系数 a、b、c，如果方程有实数解，则可以利用上述表达式求得。

【思考】技巧包括用 $b*b$ 来表达 b^2，在除法表达式中用圆括号将分子和分母括起来。

习   题

一、选择题

（1）设 a = 8，则表达式 a≫2 的值是（   ）。

    A. 1   B. 2   C. 3   D. 4

（2）表达式 10/4*2.5 的值的数据类型为（   ）。

    A. int   B. float   C. double   D. 不确定

（3）在以下几类运算符中，优先级最低的是（   ）运算符。

    A. 逻辑   B. 算术   C. 赋值   D. 关系

（4）设 int x=0，y=1;，表达式 (x||y) 的值是（   ）。

    A. 0   B. 1   C. 2   D. −1

（5）在 C 语言中，要求运算量必须是整型或字符型的运算符是（   ）。

    A. &&   B. || C. &   D. !

（6）以下能正确定义且赋初值的语句是（   ）。

    A. int n1=n2=10;

    B. char c='32';

    C. float f=1.1;

    D. double x=12.3E2.5;

（7）设以下变量均为 int 型，则值不等于 7 的表达式是（   ）。

    A. (x=y=6, x+y, x+1)

    B. (x=y=6, x+y, y+1)

    C. (x=6, x+1, y=6, x+y)

    D. (y=6, y+1, x=y, x+1)

（8）若有定义 "int x, a;"，则语句 "x= (a=3, a+1);" 运行后，x、a 的值分别为（   ）。

    A. 3, 3   B. 4, 4   C. 4, 3   D. 3, 4

（9）设 a、b 和 c 都是 int 型变量，且 a=3, b=4, c=5,

    则下列表达式中，值为 0 的表达式是（   ）。

    A. 'a'&&'b'   B. a<=b

    C. a||b+c&&b−c   D. ! ((a<b)&&!c||1)

（10）设整型变量 a=2，则执行下列语句后，浮点型变量 b 的值不为 0.5 的是（   ）。

    A. b=1.0/a   B. b= (float) (1/a)   C. b=1/ (float) a   D. b=1/ (a*1.0)

（11）能正确表示逻辑关系："a≥10 或 a≤0" 的 C 语言表达式是（   ）。

    A. a>=10 or a<=0   B. a>=0 | a<=10

    C. a>=10 && a<=0   D. a>=10 || a<=0

（12）以下运算符中，优先级最高的运算符是（   ）。

    A. || B. %   C. !   D. ==

（13）设 x 为 int 型变量，则执行以下语句后，x 的值为（   ）。

    x=8; x−=x−=x;

    A. 8   B. 0   C. 16   D. −8

（14）设 int a=10, b=20, c=30;，则表达式 a<b?a=5:c 的值是（   ）。

    A. 5   B. 10   C. 20   D. 30

（15）在 C 语言中，要求参加运算的数必须是整数的运算符是（   ）。

    A. /   B. *   C. =   D. %

（16）若变量均已正确定义并赋值，以下合法的 C 语言赋值语句是（　　　）。

A. x=y==5;　　　　B. x=n%2.5;

C. x+n=i;　　　　　D. x=5=4+1;

（17）设 int a = 2，则表达式 a>1 ? 2 : 1.5 的运算结果是（　　　）。

A. 1　　　　　B. 2　　　　　C. 2.0　　　　　D. 1.5

（18）数字字符 0 的 ASCII 码为 48，运行以下程序的输出结果是（　　　）。

```
main()
{ char a='1',b='2';
  printf("%c,",b++);
  printf("%d",b-a);
}
```

A. 3, 2　　　　B. 50, 2　　　　C. 2, 2　　　　D. 2, 50

（19）有以下程序：

```
main()
{ int  x,y,z;
  x=y=1;
  z=x++,y++,++y;
  printf("%d,%d,%d\n",x,y,z);
}
```

程序运行后的输出结果是（　　　）。

A. 2, 3, 3　　　B. 2, 3, 2　　　C. 2, 3, 1　　　D. 2, 2, 1

（20）以下选项中，值为 1 的表达式是（　　　）。

A. 1 -'0'　　　B. 1 - '\0'　　　C. '1' -0　　　D. '\0' - '0'

（21）已知 a=2, b=1, c=3, d=4，则表达式 (a=a>c)&& (b=c>--d) 执行后 b 的值为（　　　）。

A. 3　　　　　B. 2　　　　　C. 0　　　　　D. 1

（22）假定变量 a=2, b=3, c=1，则表达式 (c==b>a||a+1==b--, a+b) 的值是（　　　）。

A. 4　　　　　B. 0　　　　　C. 1　　　　　D. 5

（23）以下选项中，当 x 为大于 2 的偶数时，值为 1 的表达式是（　　　）。

A. x%2==1　　　B. x%2==0

C. x%2!=0　　　D. x/2

（24）设有定义 int k=1, m=2; float f=7;，则以下选项错误的表达式是（　　　）。

A. -k++　　　　B. k>=f>=m

C. k=k>=k　　　D. k % int (f)

（25）设 int x=2, y=3;，则表达式 (y-x==1)? (!1?1:2): (0?3:4) 的值为（　　　）。

A. 1　　　　　B. 2　　　　　C. 3　　　　　D. 4

二、写出下列程序的运行结果

程序 1：

```
int  a = 2;
```

```
    printf("%d\n",a++);
    printf("%d\n",a);
    printf("%d\n",++a);
```

程序 2：

```
    int x = 125;
    printf("%d\n",x%2);
    printf("%d\n",x/10);
    printf("%d\n",x%3==0);
```

程序 3：

```
    char a = '6';
    int d = a - '0';
    printf("%c\n",(a+2));
    printf("%d\n",d+1);
```

程序 4：

```
    int a = 2;
    printf("%d,%d,%d,%d,%d\n",++a,a,++a,a++,a++);
    printf("%d\n",a);
```

程序 5：

```
    int a=2,b=3;
    a=(++a + b++)*2+(++b+a++ +(++a))*3;
    printf("%d,%d",a,b);
```

三、编程题

（1）输入矩形的宽和高，计算矩形的周长和面积，输出结果精确到小数点后 2 位。

（2）从键盘输入一个实数，获取该实数的整数部分，并求出实数与整数部分的差，将结果用两种形式输出：一种是直接输出；另一种是用精确到小数点后 4 位的浮点格式输出。

第 5 章　顺序结构与选择结构

本章知识目标：

❏　了解算法描述和流程图。

❏　掌握 if 条件选择语句的使用。

❏　掌握 switch 语句的使用。

❏　熟悉选择结构嵌套的执行流程。

C 语言是一门结构化程序设计语言，结构化程序设计的 3 种基本结构是顺序、选择和循环。顺序结构就是程序按照排列顺序执行的逻辑；选择结构用于表达根据条件判断的结果执行不同的分支的逻辑；循环结构则用于表达程序流程的重复。

在 C 语言中，实现选择结构有 if 语句和 switch 语句，if 语句用于实现双分支，而 switch 语句用于多分支的处理。

5.1　算法与流程图

程序设计过程要思考问题的相关数据表示及解题方法和步骤。数据表示包括数据类型和数据的组织形式，而解题方法和步骤是通过算法来描述。

5.1.1　算法表示与特点

算法表示有多种方法。常用的有自然语言、流程图、伪代码、结构化流程图等。一个算法应该具有以下 5 个重要的特征。

● 有穷性（Finiteness）：指算法必须能在执行有限个步骤之后终止。

● 确定性（Definiteness）：算法的每一步骤应当是确定的，不能模棱两可。

● 输入项（Input）：一个算法有 0 个或多个输入，0 个输入是指算法含有初始条件。

● 输出项（Output）：一个算法有一个或多个输出，以反映对输入数据加工后的结果。

● 有效性（Effectiveness）：每个计算步骤都可以在有限时间内完成。

设计算法时要充分利用计算机运算速度快的特点，让计算机在问题数据空间通过反复探寻得到问题的解。常用算法有穷举法、递推法、迭代法、递归法、分治法等。

● 穷举法：基本思路是列举出问题空间所有可能的情况（往往用循环来控制数据范围），逐个判断有哪些情况符合问题条件要求，从而得到问题的解。本书循环部分的很多例题都是采用穷举法进行求解。

● 递推法：递推是序列计算中的一种常用算法。它是按照一定的规律计算序列中的每个项，通常是通过前面的一些项得出序列中指定项的值。

● 迭代法：很多数学问题的求解可以采用迭代法进行，其特点是不断用变量的旧值递推新值的过程。迭代公式要保证最后的求解结果是收敛的，即相邻两次结果之差达到指定的精度，常常用小于一个很小的数表示。

● 递归法：函数在其定义中有直接或间接调用自身的一种方法，使用递归策略时，必须有一个明确的递归结束条件，称为递归出口。

● 分治法：把一个复杂的问题分成两个或更多个相同或相似的子问题，再把子问题分成更小的子问题……直到最后子问题可以直接求解，原问题的解即子问题的解的合并。

这些算法在课程的后续将结合样例进行介绍。

5.1.2　传统流程图和 N-S 结构流程图

一般来说，程序设计中常用流程图表示算法，它具有直观形象、易于理解的特点。流程图包括传统流程图和结构流程图两种。流程图不仅可以指导编程，还能当作程序说明书的一部分，帮助读者理解程序的思路和结构。

传统流程图用图框结合箭头线表示执行顺序，有以下一些符号。

● 处理框（矩形框）：表示一般的处理功能。

● 判断框（菱形框）：表示对给定条件进行判断，根据条件是否成立决定执行流程。

● 输入 / 输出框（平行四边形框）：表示执行输入或输出操作。

● 起止框（圆角矩形框）：用于表示流程开始或结束。

● 连接点（圆圈）：用于将画在不同地方的流程线连接起来。用连接点，可以避免流程线的交叉或过长，使流程图更加清晰。

● 流程线（指向线）：表示流程的路径和方向。

结构流程图也称为 N-S 结构流程图，它比传统流程图紧凑易画，去掉了流程线，更节省空间。具体流程图的画法将在编程中结合样例进行讨论。

5.2　顺序结构程序设计

【例 5-1】计算三角形的面积和周长

输入三角形的 3 条边，计算其面积和周长，计算结果精确到小数点后两位。

【分析】首先要定义变量表示三角形的 3 条边，还要定义两个变量分别存放周长和面积，3 条边的数据类型为实数，周长和面积也为实数，所以变量类型选用 double 型。数据的输入方式采用 scanf () 函数，这时注意格式描述要采用 %lf。如果变量类型改为 float 型，则选用格式描述 %f。数据的输出可以采用 printf () 函数来实现精确到小数点后两位。

使用三角形的三边求面积的数学公式如下：

$$area = \sqrt{s(s-a)(s-b)(s-c)} \qquad 其中，\ s = \frac{a+b+c}{2}$$

用 N-S 结构流程图表示该问题的算法如图 5-1 所示。

程序代码如下：

| 输入 3 条边的边长 a、b、c |
| 计算三角形周长 zc |
| 计算三角形面积 mj |
| 输出周长和面积 |

图 5-1　N-S 结构流程图（顺序结构）

```c
#include <stdio.h>
#include <math.h>
void main()
{
    double a,b,c ;                  //3 条边
    double p,zc,mj;
    printf(" 请输入三角形 3 条边的边长，用逗号隔开：");
    scanf("%lf,%lf,%lf",&a,&b,&c);
    zc = a + b + c;
    p = zc/2;                       // 为求面积引入的变量
    mj = sqrt(p *(p-a)*(p-b)*(p-c));
    printf(" 该三角形的周长 =%.2lf，面积 =%.2lf\n",zc,mj);
}
```

【运行结果】

请输入三角形 3 条边的边长，用逗号隔开：3.5,4.2,5
该三角形的周长 =12.70，面积 =7.25

实际上，实现数据精确到小数点后两位也可以采用乘以放大倍数取整，然后除以放大倍数的办法。例如，将周长精确到小数点后两位可以写成：

```c
zc =(int)(zc * 100 + 0.5)/100.0;  // 加 0.5 是为了实现四舍五入
```

说明

求平方根的函数 sqrt () 的返回结果是 double 型，如果变量 mj 采用 float 型，则因为赋值类型转换问题导致有些编译系统会报警告性信息。

5.3　if 语句

5.3.1　if 语句的形式

1. 无 else 的 if 语句

其格式如下：

```c
if( 条件表达式 )
{
    if 块；
}
```

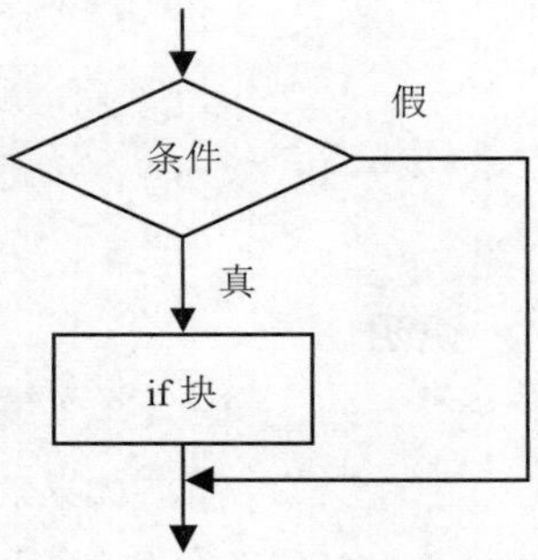

说明

（1）如果条件表达式的值为真，则执行"if块"部分的语句；否则，直接执行后续语句。该语句的执行流程图如图 5-2 所示。

（2）用大括号括住表示要执行一组语句，也称为语句块。语句块以"{"表示块的开始，以"}"表示块的结束。如果要执行的"if块"为单条语句，可以省略大括号。

注意

C 语言没有专门的逻辑类型，而是把任何非 0 和非空的值假定为真，把 0 或 NULL 假定为假。所以，C 语言中的条件表达式实际上可以是任意一个表达式。

图 5-2 无 else 的 if 语句的执行流程图

【例 5-2】从键盘输入 3 个整数，输出其中的最大值

【分析】引入 a、b、c 3 个变量存放输入的 3 个整数，求最大值的基本思路是：先假定 a 最大，然后用 b 和 c 分别与最大值比较，如果比最大值还大，则赋值给记录最大值的变量。

程序代码如下：

```
#include <stdio.h>
void main()
{
    int a,b,c,max;
    printf(" 请输入 3 个数，用空格隔开： ");
    scanf("%d%d%d",&a,&b,&c);
    max = a;
    if(b > max)
        max = b;
    if(c > max)
        max = c;
    printf(" 最大值是：%d",max);
}
```

【运行结果】

```
请输入 3 个数，用空格隔开： 23 45 38 ↙
最大值是： 45
```

2. 带 else 的 if 语句

其格式如下：

```
if( 条件表达式 )
{
    if块 ;
}
```

```
else
{
    else 块；
}
```

📝 **说明**

（1）该格式是一种更常见的形式，即 if 与 else 配套使用，所以一般称作 if…else 语句，其执行流程图如图 5-3 所示，如果条件表达式的值为真，执行"if块"的代码；否则执行"else 块"的代码。其结构流程图如图 5-4 所示。

（2）"if 块"和"else 块"为单条语句时，可省略相应位置的大括号。

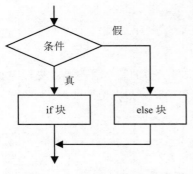
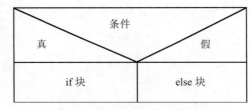

图 5-3　if…else 语句执行流程图　　　　图 5-4　if…else 语句结构流程图

【趣味问题】以下代码是根据输入的整数，输出该数是奇数还是偶数的信息。

```
int x;
printf(" 输入一个整数：\n");
scanf("%d",&x);  // 输入一个整数
if( x % 2 == 0)
  printf("%d 是偶数 ",x);
else
  printf("%d 是奇数 ",x);
```

该段代码中每个分支只有一条语句，所以，没有加大括号。

5.3.2　if 语句的嵌套

在编程实践中，常出现条件的分支多于两种情况，即多分支情况，此时可以采用 if 嵌套解决。所谓 if 嵌套，就是在 if 语句的"if块"或"else 块"中继续含有 if 语句。

例如，上面求 a、b、c 3 个整数中最大数，也可以采用 if 嵌套解决。

```
if(a>b)
{
```

```
   if(a>c)
       printf("3 个数中最大值是：%d\n",a);
   else
       printf("3 个数中最大值是：%d\n",c);
}
else
{   //a<=b 的情况
   if (b>c)
       printf("3 个数中最大值是：%d\n",b);
   else
       printf("3 个数中最大值是：%d\n",c);
}
```

📢 **注意**

if 嵌套中 if 与 else 的匹配问题，由于 if 语句有带 else 和不带 else 两种形式，编译程序在给 else 语句寻找匹配的 if 语句时，按最近匹配原则配对，也就是 else 往前找离它最近的 if 配对。所以在出现 if 嵌套时最好用大括号标识清楚相应的程序块。

例如，计算以下分段函数。

$$f(x)=\begin{cases}2x-1 & x<0 \\ 3x+2 & 0\leq x<10 \\ 4x+1 & \text{其他}\end{cases}$$

假设 x、y 均已定义，分析以下 if 语句表示中的错误。

```
if(x<0)
    y=2*x-1;
if(x>=0 &&  x<10)
    y=3*x+2;
else
    y=4*x+1;
```

错误原因是 else 仅仅是对后面的 if 的否定，当 x<0 时除了执行语句 y=2*x-1，还会执行后面的语句 y=4*x+1，从而得到错误的结果。修改后的程序如下：

```
if(x<0)
    y=2*x-1;
if(x>=0 && x<10)
    y=3*x+2;
if(x>=10)
    y=4*x+1;
```

以上代码的缺点是无论 x 是何值，均要执行 3 条 if 判断处理语句，这样的设计会让计算机进行多余的判断处理，效率不高，是一种不好的表达方式。

也可以将整段代码改成以下形式：

```
if(x<0)
    y=2*x-1;
else
{
    if(x<10)     // 这里隐含 x>=0, 写成 (x>=0&&x<10) 虽然是对的, 但不够简练
        y=3*x+2;
    else
        y=4*x+1
}
```

5.3.3 阶梯 else if

阶梯 else if 是 if 嵌套中一种特殊情况的简写形式。这种特殊情况就是"else 块"中逐层嵌套 if 语句，使用阶梯 else if 可以使程序更简短和更清晰。

前面的分段函数求解，用阶梯 else if 表达可以改成以下形式。另外，要完成分段函数的计算，还要增加输入和输出语句。

```
float x,y;
printf(" 输入一个实数: \n");
scanf("%f",&x);
if(x<0)
    y = 2*x-1;
else if(x<10)
    y = 3*x+2;
else
    y = 4*x+1;
printf("f(x)=%f\n",y);
```

程序的结构流程图如图 5-5 所示。

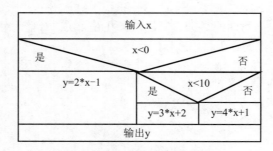

图 5-5 程序的结构流程图

【例 5-3】输入一个学生的成绩，根据所在分数段输出相应信息

学生成绩是 0～100 范围内的整数。在 0～59 范围输出"不及格"，在 60～69 范围输出"及格"，在 70～79 范围输出"中"，在 80～89 范围输出"良"，在 90 以上输出"优"。

程序流程图如图 5-6 所示。

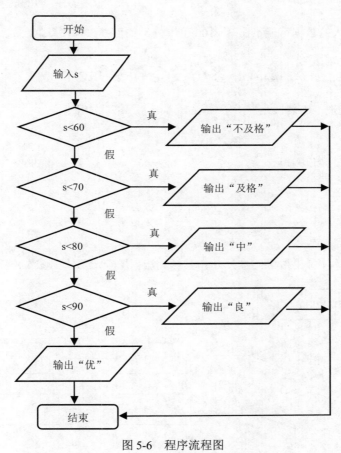

图 5-6　程序流程图

程序代码如下：

```c
void main()
{
    int s;
    printf("输入一个分数：\n");
    scanf("%d",&s);
    if(s < 60)
            printf("不及格");
    else if(s < 70)
            printf("及格");
    else if(s < 80)
            printf("中");
```

```
else if(s < 90)
        printf(" 良 ");
else
        printf(" 优 ");
}
```

【思考】如果输入的数据可能不在 0～100 范围内，如何修改程序？

5.4　多分支语句 switch

对于多分支的处理，C 语言还提供了 switch 语句，其格式如下：

```
switch(expression)
{
    case 值 1 : 语句块 1; break;          // 分支 1
    case 值 2 : 语句块 2; break;          // 分支 2
        ⋮
    case 值 n : 语句块 n; break;          // 分支 n
    [default : 语句块 n+1; ]              // 分支 n+1，均不符合其他 case 分支情形
}
```

switch 语句的流程控制图如图 5-7 所示。其结构流程图表示形式如图 5-8 所示。

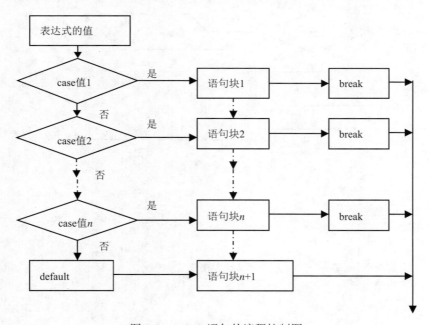

图 5-7　switch 语句的流程控制图

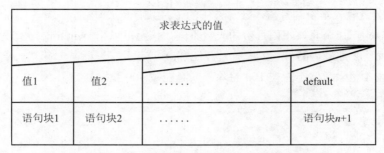

图 5-8 switch 语句的结构流程图表示形式

说明

（1）switch 语句执行时首先计算表达式的值，这个值可以整型或字符型，同时要与 case 分支的判断值的
　　 类型一致。计算出表达式的值后，它首先与第 1 个 case 分支进行比较，若相同，执行第 1 个 case
　　 分支的语句块；否则，再检查第 2 个 case 分支……依次类推。

（2）case 子句中的各个值必须是常量或常量表达式，且各个 case 子句中的值不同。

（3）如果没有匹配的 case 语句，就执行 default 指定的语句块，但 default 子句本身是可选的。

（4）break 语句用来在执行完一个 case 分支后，使程序跳出 switch 语句，即终止 switch 语句的执行如果
　　 没有 break 语句，则执行完匹配的 case 语句后，其后的所有的语句都会被执行，直到遇 break 语句
　　 为止。在特殊情况下，多个不同的 case 值要执行一组相同的操作，这时前面 case 语句可以不用加
　　 break 语句，统一在这组操作完成时加 break 语句。

例 5-3 也可以采用 switch 语句实现，修改后的程序代码如下：

```c
void main()
{
    int x;
    printf(" 输入分数: ");
    scanf("%d",&x);
    x = x / 10;
    switch(x)
    {
        case 0:  case 1: case 2: case 3: case 4:
        case 5:  printf(" 不及格 ");break;
        case 6:  printf(" 及格 "); break;
        case 7:  printf(" 中 ");break;
        case 8:  printf(" 良 ");break;
        case 9:  case 10: printf(" 优 ");break;
        default: printf(" 数据不正常 !");
    }
}
```

说明

这里的关键是通过除 10 取整，将成绩的判定条件转化为整数值范围。前面 5 种 case 分支中无任何执行
语句，所以按执行流程均会执行 case 5 分支中的语句。本例中还考虑数据输入异常的情况，如果不是
0～100 的整数，则匹配执行 default 语句的情况。

【例 5-4】从键盘输入年份和月份，计算该年的该月共有几天

【分析】一年共有 12 个月，不同月份的天数不同，该题可以用 switch 语句实现。月份的天数有 31 天和 30 天，而且 2 月最为特殊，2 月的天数还和闰年有关。判断某一年（year）是否为闰年的条件是：year 能被 4 整除，但不能被 100 整除，或者能被 400 整除。

　程序代码如下：

```c
#include<stdio.h>
void main()
{
    int year,month,len;
    printf("year,month = ");
    scanf("%d,%d",&year,&month);
    switch(month)
    {
        case 1: case 3: case 5: case 7:
        case 8: case 10: case 12:          //31 天的月份
            len = 31;
            break;
        case 4: case 6: case 9: case 11:   //30 天的月份
            len = 30;
            break;
        case 2:                            //2 月
            if(year%4==0 && year%100!=0 || year%400==0)
                len = 29;
            else
                len = 28;
            break;
        default:
            printf("input error!\n");
            break;
    }
    printf("%d 年 %d 月有 %d 天 \n",year,month,len);
}
```

【运行结果】

```
year,month = 1992,2
1992 年 2 月有 29 天
```

✐ 说明

在本例的 switch 语句中，在 case 值为 2 时，要判断该年是否为闰年，如果是闰年，2 月天数为 29 天；否则，为 28 天。这里出现了在 switch 语句中嵌套 if 语句的情况。

习　题

一、选择题

（1）假定所有变量均已正确定义，则以下程序段运行后 y 的值是（　　　）。

```
int   a=0,y=10;
if(a=0)y--;
else  if(a>0)y++;
else   y+=y;
```

A. 20　　　B. 9　　　C. 11　　　D. 10

（2）以下程序的运行结果是（　　　）。

```
#include<stdio.h>
void main()
{ int   a=10,b=10;
  if(!a)b++;
  else if(a==0)
  if(a)b+=2;else b+=3;
  printf("%d\n"(b);
}
```

A. 12　　　B. 11　　　C. 13　　　D. 10

（3）已知 int x=10, y=20, z=30;，则执行以下语句后，x、y、z 的值是（　　　）。

```
if(x>y)
    z=x;
    x=y;
    y=z;
```

A. x=20, y=30, z=30　　　　　　B. x=10, y=20, z=30

C. x=20, y=30, z=20　　　　　　D. x=20, y=30, z=10

（4）以下程序段的运行结果是（　　　）。

```
int x=5;
if(x--<5)printf("%d",x);
else printf("%d",x++);
```

A. 6　　　B. 3　　　C. 4　　　D. 5

（5）在 C 语言中，if 语句后的一对圆括号中，用以决定分支的流程的表达式（　　　）。

A. 只能用逻辑表达式

B. 只能用关系表达式

C. 只能用逻辑表达式或关系表达式

D. 可用任意表达式

（6）下列叙述中正确的是（　　　）。

A. 在 switch 语句中，不一定使用 break 语句

B. 在 switch 语句中必须使用 default 语句

C. break 语句必须与 switch 语句中的 case 配对使用

D. break 语句只能用于 switch 语句

二、写出下列程序的运行结果

程序 1：

```
char c='r';
switch(c)
{
    default:
      printf("white");
    case 'r':
      printf("red");
      break;
    case 'b':
      printf("blue");
}
```

程序 2：

```
int i = 10,j = 10;
int b = 0;
if( b = i == j)
   printf("True");
else
   printf("False");
```

程序 3：

```
int x=5,y=5;
if( x-y )
   printf("***");
else
   printf("$$$");
```

三、编程题

（1）从键盘输入 3 个整数，按从小到大的顺序排列输出。

（2）每周 7 天，输入一个代表星期几的数字，输出其是星期几。例如，6 输出星期六。

（3）输入某年某月某日，判断这一天是这一年的第几天。

（4）某百货商场进行打折促销活动，消费金额（p）越高，折扣（d）越大，标准如下。

消费金额	折扣
$p<100$	0%
$100 \leqslant p<200$	5%
$200 \leqslant p<500$	10%
$500 \leqslant p<1000$	15%
$1000 \leqslant p$	20%

请从键盘输入金额，输出折扣和实付金额 f。要求：用 switch 语句实现。

（5）从键盘输入 a、b、c 三个实数，计算方程 $ax^2+bx+c=0$ 的实数根。

第 6 章　循环结构程序设计

本章知识目标：

❑ 掌握 3 种循环语句（while 语句、do…while 语句、for 语句）的使用。

❑ 了解 break 语句和 continue 语句的作用。

❑ 学会分析理解程序的执行流程。

循环结构用于表达程序流程的重复。循环语句是在一定条件下反复执行一段代码，反复执行的程序段称为循环体。C 语言中提供的循环语句有：

● while 语句。

● do…while 语句。

● for 语句。

6.1　while 语句

while 语句的格式如下：

```
while(条件表达式){
    循环体；
}
```

while 语句的执行流程如图 6-1 所示，首先检查条件表达式的值是否为真，若为真，则执行循环体，然后继续判断条件表达式，以决定是否继续循环，直到条件表达式的值为假，执行 while 语句的后续语句。循环体通常是一个组合语句，如果是单个语句，可以省略大括号。

用 N-S 结构流程图表示 while 循环，如图 6-2 所示。图 6-2 中可以清晰地体现当条件满足时执行循环体的思维逻辑。

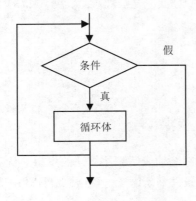

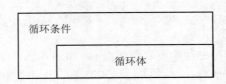

图 6-1　while 语句的执行流程　　　　　图 6-2　while 循环的 N-S 结构流程图

【例 6-1】在 3 位数中找出所有水仙花数

在 3 位数中找出所有水仙花数，水仙花数的条件是该数等于其各位数字的立方和。

【分析】3 位数的范围是从 100 开始到 999，显然要对该范围的所有数进行检查，因此，可以设置一个循环变量，其初始时值为 100，随着循环的进行不断增值，直到其值超出 999 结束循环。这里的一个难点是获取各位数字。

程序代码如下：

```c
#include <stdio.h>
#include <math.h>
void main()
{
    int i,j,k,n = 100,m = 1;
    while(n < 1000)
    {
        i = n / 100;                // 获取最高位
        j =(n - i * 100)/ 10;       // 获取中间位
        k = n % 10;                 // 获取最低位
        if(pow(i,3)+ pow(j,3)+ pow(k,3)== n)
            printf(" 找到第 %d 个水仙花数: %d\n",m++,n);
        n++;
    }
}
```

【运行结果】

```
找到第 1 个水仙花数：153
找到第 2 个水仙花数：370
找到第 3 个水仙花数：371
找到第 4 个水仙花数：407
```

📝 **说明**

本例使用的算法是穷举法。在程序中用 pow () 函数计算某位数字的立方，该函数来自 math.h 头文件。获取 3 位数的最高位除以 100 商取整，获取最低位除以 10 取余，这是很常见的方法。获取十位的方法则比较多。例如，可以采用 (n/10)%10 或者 (n%100) /10 等。

🔊 **注意**

while 循环的特点是"先判断，后执行"。如果条件一开始就不满足，则循环执行为 0 次。另外，在循环体中通常要执行某个操作来影响循环条件的改变（如本例中的 n++），如果循环条件永不改变，则循环永不终止，称为死循环。在循环程序设计中，要注意避免死循环。

该程序的结构流程图如图 6-3 所示，通过流程图可以粗略地表达程序算法的思想。从图 6-3 中可以清晰地看到，在 while 循环的循环体中嵌套了一个 if 条件判断语句。该结构流程图中体现了顺序、选择和循环 3 种结构的综合应用。

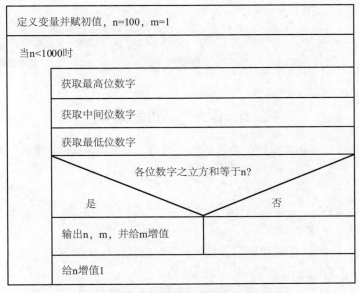

图 6-3 程序的结构流程图

【例 6-2】 从键盘输入一个长整数，计算其各位数字之和

【分析】 问题的关键是如何得到各位数字？要得到一个整数的最低位数字可用除以 10 求余数的办法，而要得到该整数的除最低位外的数只要除以 10 取整即可。该过程可以反复进行，直到将各位数字均取出并完成累加。

程序代码如下：

```c
#include <stdio.h>
void main()
{
    long n,a;
    int s = 0;
    printf(" 输入一个长整数：");
    scanf("%ld",&n);
    a = n;
    while(a > 0)
    {
        s += a % 10;   // 累加计算各位数字之和
        a = a / 10;    // 抛去 a 的最低位
    }
    printf("%ld 的各位数字之和 =%d\n",n,s);
}
```

【运行结果】

输入一个长整数：35953428
35953428 的各位数字之和 =39

✏️ 说明

程序中引入了 3 个变量，n 记录要分析的整数，s 记录其各位数字之和，a 记录数据的递推变化，每次把 a 的最低位抛去后，其值越来越小，最后变为 0，则结束循环。

6.2   do…while 语句

如果需要在任何情况下都先执行一遍循环体，则可以采用 do…while 循环，其格式如下：

```
do   {
    循环体
}   while(条件表达式);
```

注意，语句结尾的分号不可省。

do…while 循环语句的执行流程如图 6-4 所示，先执行循环体的语句，再检查表达式，若表达式值为真则继续循环；否则结束循环，执行后续语句。

用 N-S 结构流程图表示 do…while 循环，可以表示为如图 6-5 所示。图 6-5 中体现了循环体执行在先，循环条件判断在后的思维逻辑。

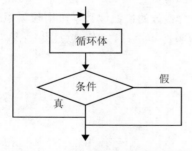

图 6-4   do…while 循环语句的执行流程   图 6-5   do…while 循环的 N-S 结构流程图

do…while 循环的特点是"先执行，后判断"，循环体至少要执行一次，这是和 while 循环的重要差别，在应用时要注意选择。

【例 6-3】鸡兔同笼问题

鸡兔同笼，已知鸡和兔一共有 50 只，共有 140 只脚，求鸡有几只？兔有几只？

【分析】鸡的数量从 1 开始进行递增测试，循环的结束条件是鸡和兔的脚总数达到要求。

程序代码如下：

```
#include <stdio.h>
void main()
{
    int chicken = 0,rabit;
    do
    {
```

```
        chicken++;
        rabit = 50 - chicken;    // 鸡和兔一共有 50 只
    } while(chicken * 2 + rabit * 4 != 140);
    printf(" 鸡有 %d 只，兔有 %d 只 \n",chicken,rabit);
}
```

【运行结果】

鸡有 30 只，兔有 20 只

【例 6-4】 从键盘输入若干千字符，当遇到换行符时结束并输出字符的个数

解法 1：利用 while 循环实现。

程序代码如下：

```
#include <stdio.h>
void main()
{   char ch;
    int count=0;
    ch=getchar();
    while(ch!='\n')
    {
        count++;
        ch=getchar();
    }
    printf("count=%d\n",count);
}
```

解法 2：利用 do…while 循环实现。

程序代码如下：

```
#include <stdio.h>
void main()
{   char ch;
    int count=0;
    do
    {
        ch=getchar();
        count++;
    } while(ch!='\n');
    printf("count=%d\n",count);
}
```

【结果分析】 在运行时输入 hello，两个程序得到的结果不同，利用 while 循环得到的结果是 count=5，而利用 do…while 循环得到的结果是 count=6。显然，第 2 个程序的统计结果多出一个字符，把最后输入的换行符也统计在内。

【例 6-5】 用迭代法计算某数 a 的平方根

已知求平方根的迭代公式为 $x_{n+1}=(x_n+a/x_n)/2$，迭代初值从 $a/2$ 开始。最后迭代结果要求前后两次求出的两个结果之差的绝对值小于 10^{-5}。由于要记住前后两次迭代解，可用 x_1 和 x_2 两个变量来记下前后的两个迭代解。程序的结构流程图如图 6-6 所示。

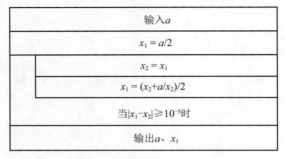

图 6-6   程序的结构流程图

程序代码如下：

```c
#include <stdio.h>
#include <math.h>
void main()
{
    float x1,x2,a;
    printf("请输入 a=? ");
    scanf("%f",&a);
    x1 = a / 2;
    do
    {
        x2 = x1;                    // 记录上一个解
        x1 =(x2 + a / x2)/ 2;       // 求下一个解
    } while(fabs(x1 - x2)>= 1e-5);  // 迭代结束条件
    printf("%.2f 的根是 %.2f\n",a,x1);
}
```

【运行结果】

```
请输入 a=?  3
3.00 的根是 1.73
```

📝 说明

本例采用迭代法进行求解，当相邻两次结果之差达到指定的精度时迭代过程结束。

【深度思考】用迭代法求某个函数 [sin (x)] 在指定区间（0, 1）的积分。函数积分的物理含义就是函数在某个区间的面积，可以用区间等分的梯形法来累加得到面积。根据精度要求，当等分达到足够细时，所有小梯形面积累加值可以近似看作积分值。

6.3　for 语句

如果循环可以设计为按某个控制变量值的递增来控制循环，则可以直接采用 for 语句循环实现。for 语句一般用于事先能够确定循环次数的场合，其格式如下：

```
for( 控制变量设定初值 ; 循环条件 ; 迭代部分 )
{
     循环体
}
```

循环体为单条语句时可以省略大括号。for 循环语句的执行流程图如图 6-7 所示，for 语句执行时，首先执行初始化操作，即给控制变量赋初值；其次判断循环条件是否满足，如果满足，则执行循环体中的语句；最后通过执行迭代部分给控制变量增值。每循环一次，重新判断一次循环条件。

for 循环的优点在于变量计数的透明性，很容易看到控制变量的数值变化范围。对于循环次数确定的情形，最好采用 for 循环。

使用 for 循环要注意以下几点。

（1）初始化、循环条件以及迭代部分都可以为空语句（但分号不能省略），三者均为空时，相当于一个无限循环。

（2）在初始化部分和迭代部分可以使用逗号运算符，用于表达进行多个操作。例如：

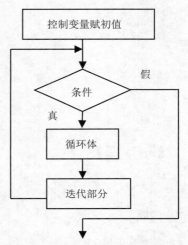

图 6-7　for 循环语句的执行流程图

```
int i,j;
for(i=0,j=6; i<j; i++,j--)
{
    printf("%d,%d",i,j);
}
```

该循环用了 2 个循环控制变量 i 和 j，随循环的进行，i 的值递增，而 j 的值递减。该代码段的输出结果如下：

```
0,6
1,5
2,4
```

【版本更新】对于循环控制变量的定义，在 C 语言的 C99 标准中也支持这样的写法。其特点是在 for 循环的初始化部分定义循环控制变量并赋初值。早期版本并不支持这样的做法。例如：

```
for(int i = 0; i<10; i++){…}
```

此时变量 i 的作用域仅限于 for 循环体内。

【例 6-6】计算 1-1/2+1/3-1/4+1/5-…-1/100 的值

【分析】这是一个变相的累加问题，累加项的符号在正负间交替变化，根据累加项中数据的变化特点组织循环，所有累加项的分子均是 1，分母从 2 到 100 递增变化，累加式的首项 1 可作为累加变量的初值。显然计算结果包含小数，所以存放累加结果的变量要定义为 double 型或 float 型。

程序代码如下：

```c
#include <stdio.h>
void  main()
{
    double sum = 1;
    int k,flag = 1;
    for(k = 2;  k <= 100;  k++)
    {
        flag = - flag;
        sum = sum + flag * 1.0 / k;
    }
    printf("result=%lf\n",sum);
}
```

【运行结果】

```
result=0.688172
```

说明

注意累加项 1.0/k 不能写成 1/k，否则就是整除运算。另外，各累加项的符号正负是交替变化，程序中用 flag = - flag 来体现这样的变化。

【例 6-7】计算 Fibonacci 数列的前 10 个数

Fibonacci 数列是指数列的第 0 个元素是 0，第 1 个元素是 1，后面每个元素都是其前两个元素之和。

程序代码如下：

```c
#include <stdio.h>
void  main()
{
    int i;
    int n0 = 0,n1 = 1,n2; // 迭代变量赋初值
    printf("%4d%4d",n0,n1);
    for(i = 0;  i < 8;  i++)
    {
        n2 = n1 + n0;                 // 计算，根据迭代变量旧值计算新值
        printf("%4d",n2);
        n0 = n1;                      // 递推，迭代变量新值取代旧值，为下一次迭代做准备
        n1 = n2;
    }
}
```

【运行结果】

```
0  1  1  2  3  5  8  13  21  34
```

📝 说明

> 在利用循环解决问题时经常要用到迭代推进的思想。根据 Fibonacci 数列规律，在循环内先计算 n2，输出 n2，后将变量 n0、n1 的值向前递推，以便下一轮求新值。这种利用循环迭代进行递推解题的方法称为迭代法或者递推法。

【思考】注意循环体内语句的排列次序。考虑，如果将循环中最后两条语句执行顺序改变一下，是否可行？即 n1=n2;n0=n1;。

【例 6-8】用随机函数产生 10 道两位数的加法测试题，并统计用户得分

【分析】利用循环控制出 10 道题，引入一个变量统计用户得分，在循环外，给其赋初值 0。在循环内，首先利用随机函数产生两个被加数，输出加法表达式；其次，利用输入语句获取用户的解答；再次，根据用户解答累计得分；最后，循环结束，输出用户得分。

程序代码如下：

```c
#include <stdio.h>
#include <stdlib.h>
#include <time.h>
void  main()
{
    int i,score = 0;
    srand(time(NULL));              // 初始化随机数的种子
    for(i = 0; i < 10; i++)
    {
        /*  随机产生两个整数 */
        int a,b,ans;
        a = 10 + rand()% 90;       //产生 10～99 的随机整数
        b = 10 + rand()% 90;
        /*  将加法表达式输出，获取用户的输入解答 */
        printf("%d+%d=? ",a,b);
        scanf("%d",&ans);
        /* 如果解答正确，则加 10 分 */
        if(a + b == ans)
            score = score + 10;   // 每道题 10 分
    }
        /* 10 道题全部做完，输出成绩 */
    printf("your score= %d\n" ,score);
}
```

【运行结果】

```
76+12=? 88
98+45=? 143
...
```

📝 **说明**

> 表达式 srand (time (NULL)) 表示用当前时间对应的整数值来初始化随机数的种子，函数 rand () 产生一个随机整数，这两个函数均在 stdlib.h 库中。表达式 "10 + rand () % 90" 产生 10～99 的随机数。这里，循环起计数作用，10 道题要循环 10 次。

6.4　循环嵌套

循环嵌套就是循环体中又含循环语句。3 种循环语句可以自身嵌套，也可以相互嵌套。嵌套将循环分为内、外两层，外循环每循环一次，内循环要执行一圈。注意编写嵌套循环时不能出现内外循环的结构交叉现象。

【例 6-9】 找出 3～50 的所有素数，按每行 5 个数输出

【分析】 素数是指除了 1 和本身，不能被其他整数整除的数。因此，要判断一个数 n 是否为素数可用一个循环来解决，用 2～$(n-1)$ 的数去除 n，其中有一个数能整除 n，则可以断定数 n 不是素数，这时应结束循环。引入了一个标记变量 f，f 为 1 时表示该数为素数，f 为 0 则表示该数不是素数。

程序代码如下：

```c
#include <stdio.h>
void main()
{
    int n;
    int m = 0;                      // 统计找到的素数个数
    for(n = 3; n <= 50; n++)        // 外循环
    {
        int f = 1;                  // 引入标记变量用来标记 n 是否为素数
        int k = 2;                  // 在 for 循环内定义的局部变量 f 和 k，只在循环内有效
        while(f && k <= n - 1)      // 内循环，用 2～(n-1) 的数去除 n
        {
            if(n % k == 0)
                f = 0;              // 有一个数整除 n，则不是素数
            k++;
        }
        if(f)
        {
            printf("\t%d",n);
            if(++m % 5 == 0)        // 控制每行显示 5 个数
                printf("\n");
        }
    }
    printf("\n");
}
```

【运行结果】

```
    3       5       7       11      13
    17      19      23      29      31
    37      41      43      47
```

说明

本例包含多种结构嵌套情况，读者需要仔细思考整个程序的流程。从循环的角度看，包含一个二重循环：外循环是有规律的变化，适合用 for 循环实现；内循环是要判断整数 n 是否为素数，由于内循环的循环次数是不定的，所以，采用 while 循环。注意循环进行的条件是 f 为 1 且控制变量≤n-1。用 "\t" 字符控制输出数据对齐显示，根据找到的素数个数来控制每行显示 5 个数据。

【例 6-10】统计 3 位数中满足各位数字降序排列的数的个数

统计 3 位数中满足各位数字降序排列的数的个数降序数，即要求各位数字按降序排列，且无重复。例如，510、321 满足要求，而 766、201 不符合要求。

【分析】3 位数的范围是 100～999，但满足降序条件的数的范围要进一步缩减，最小的降序数是 210，最大的则是 987。可以利用循环在这个范围内查找降序数，即取出每一个 3 位数的各位数字，检查是否符合降序要求，如果符合，则总数增 1。

程序代码如下：

```c
#include <stdio.h>
void  main()
{
    int n,count = 0;
    for( n = 210;n <= 987; n++)
    {
        int a = n/100;          // 百位数字
        int b = n/10%10;        // 十位数字
        int c = n%10;           // 个位数字
        if(a > b && b > c )     // 降序条件
            count++;
    }
    printf("** 共有 %d 个降序的 3 位数 **",count);
}
```

【运行结果】

** 共有 120 个降序的 3 位数 **

【一题多解】再看此例的另一解法，用三重循环来控制各位数字的变化，根据各位数字的精确取值范围进行统计。百位数字的范围是 2～9，十位数字的范围是 1 到百位数字减 1，而个位数字的范围是 0 到十位数字减 1。程序代码如下：

```c
int   a,b,c,count = 0;
for(a = 2; a<=9; a++)                          // 百位数字
        for(b = 1; b<=a-1; b++)                // 十位数字
                for(c = 0; c<=b-1; c++)        // 个位数字
                        count++;
printf(" 共有 %d 个降序的 3 位数 ",count);
```

【**一题多解**】以下的三重循环也是此例的第 3 种解法，但此算法效率不高，循环次数增多，且在内循环中还要进行判断处理。

```
int   a,b,c,count = 0;
for(a = 0; a<=9; a++)                       // 百位数字
  for(b = 0; b<=9; b++)                     // 十位数字
    for(c = 0; c<=9; c++)                   // 个位数字
        if(a>b && b>c)
            count++;
printf(" 共有 %d 个降序的 3 位数 ",count);
```

在程序算法设计中要尽可能降低不必要的计算量，从而提高代码的执行效率。

【**例 6-11**】百钱买百鸡问题

公鸡每只 3 元，母鸡每只 5 元，小鸡 3 只 1 元，用 100 元钱买 100 只鸡，公鸡、母鸡、小鸡应各买多少只？

【**分析**】分别用 x、y、z 3 个变量代表公鸡、母鸡、小鸡数量，确定各变量的数据变化范围，用二重循环去试。循环控制变量的初值均从 0 开始，否则，会导致遗漏掉某些结果解。要注意小鸡的数量必须是 3 的倍数关系。程序的结构流程图如图 6-8 所示。

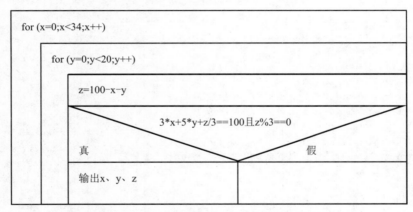

图 6-8　百钱买百鸡程序的结构流程图

程序代码如下：

```
#include <stdio.h>
void main()
{
    int x,y,z;
    for(x = 0; x<34; x++)          // 公鸡不超过 33 只
        for(y = 0; y<20; y++)      // 母鸡不超过 19 只
        {
            z = 100 - x - y;       // 小鸡的取值不用循环
            if(3*x + 5*y + z/3 == 100 && z%3==0)
                printf(" 公鸡：%d 只，母鸡：%d 只，小鸡 %d 只 \n",x,y,z);
        }
}
```

【运行结果】

公鸡：4 只，母鸡：12 只，小鸡 84 只
公鸡：11 只，母鸡：8 只，小鸡 81 只
公鸡：18 只，母鸡：4 只，小鸡 78 只
公鸡：25 只，母鸡：0 只，小鸡 75 只

【思考】也许读者会采用小鸡数量设置循环，相应循环变量初值为 0，每次循环增值 3，这样可以保证小鸡数量为 3 的倍数。同样采用二重循环实现本例，如何修改程序呢？

6.5　跳转语句

有时需要在循环体中提前跳出循环，或者在满足某种条件下，不执行循环中剩下的语句，而立即从头开始新的一轮循环，这时就要用到 break 语句和 continue 语句。

6.5.1　break 语句

break 语句已经在 switch 中得到应用。在各类循环语句中，break 语句提供了一种方便跳出循环的方法。

利用 break 语句可以改写前面的很多例子，例 6-9 引入了标记变量来控制循环，且采用 while 循环。实际上，也可以用 for 循环来实现，代码如下：

```
for(k=2; k<=(n-1);k++)          // 判断 n 能否被 k 整除
{
    if(n % k==0)
        break;                   // 发现有一个数整除 n，则 n 不是素数
}
```

在这种情况下，要在循环外再来看是否为素数就只能看循环控制变量的值，判断是否为素数只要看 k 是否等于 n 即可。

【例 6-12】用 for 循环判断真假

A、B、C、D 4 位同学中的 1 位做了好事，班主任问是谁做的好事。A 说："不是我"；B 说："是 C"；C 说："是 D"；D 说："C 胡说"。已知 4 人中 3 个人说的是真话，1 个人说的是假话。根据这些信息，找出做好事的人。

【分析】这是一个逻辑问题，用算法语言解决此类问题通常要用循环去测试可能的情形，不妨用字符'A' 'B' 'C' 'D' 分别代表 A、B、C、D 4 位同学，man 代表做好事的那位同学。可以用循环去测试，将每个人说的话用逻辑进行表达，考虑到要计算 3 个人说的为真话，可以将每个人说话的正确性用 1 和 0 表示，1 代表真话，0 代表假话。这样计算有 3 个人说真话就可以很容易地用表达式表示。

程序代码如下：

```
#include <stdio.h>
void main()
{
    char man;
    for(man = 'A' ; man <= 'D'; man++)
    {
        int a =(man != 'A')? 1 : 0;
        int b =(man == 'C')? 1 : 0;
        int c =(man == 'D')? 1 : 0;
        int d =(man != 'D')? 1 : 0;
        if(a + b + c + d == 3)
            break;
    }
    printf("the man is %c\n",man);
}
```

【运行结果】

```
the man is C
```

📋 说明

本例是一个逻辑表示问题，仔细体会如何将 4 人说话内容用表达式表示出来，并将说话的真假表示为 1 和 0 的数字形式。程序中用字符型变量来作为循环控制变量，字符型数据在 C 语言中也是看作整数的，"man++"操作后，实际就是得到下一个编码的字符。

6.5.2　continue 语句

continue 语句用来结束本轮循环，跳过循环体中下面尚未执行的语句，接着进行循环条件的判断，以决定是否继续循环。对于 for 语句，在进行循环条件的判断前，还要先执行迭代部分的语句。

【例 6-13】输出 10～20 不能被 3、5 或 7 整除的数

程序代码如下：

```
#include <stdio.h>
void main()
{
    int j = 9;
    do
    {
        j++;
        if(j % 3 == 0 || j % 5 == 0 || j % 7 == 0)
            continue; // 如果变量 j 能被3、5或7整除，则跳过输出语句
        printf("%d ",j);
    } while(j < 20);
}
```

【运行结果】

```
11  13  16  17  19
```

📝 说明

> 当变量 j 的值能被 3、5 或 7 整除时，执行 continue 语句，跳过本轮循环的剩余部分，直接执行下一轮循环。

【一题多解】该程序如果用 for 循环来表达，则代码可以写成以下形式：

```
for(j=10;j<=20;j++)
{
    if(j%3==0 || j%5==0|| j%7==0)
        continue;
    printf("%d ",j);
}
```

【一题多解】如果判断条件改用逻辑与（&&）表达，且比较运算符换成不等（!=），则代码如下：

```
for(j=10;j<=20;j++)
    if(j%3!=0 && j%5!=0 && j%7!=0)
        printf("%d ",j);   // 不能被 3、5、7 中任何一个数整除，则输出
```

可以看出，同一问题往往有多种编程实现方式，要尽量让程序代码清晰简练，同时做到可读性强，执行效率高。

6.6　综合样例

【例 6-14】猜数游戏

利用随机函数产生 100 以内的一个整数，给用户 5 次猜的机会，猜对输出"你真厉害！"；如果猜错的次数在 5 次以内，则根据情况输出"错，大了！继续"或"错，小了！继续"；如果猜错的次数超过 5 次，则显示"错，没机会了！"。

程序代码如下：

```
#include <stdio.h>
#include <stdlib.h>
#include <time.h>
void main()
{
    int i,num ,n;
    srand(time(NULL));
    n = rand()%100;             // 随机产生一个整数
    for(i=1; i<=5; i++)
    {
```

```
    printf(" 请输入你猜的数: ");
    scanf("%d",&num);
    if(num == n)
    {
        printf(" 你真厉害！\n");
        break;                    // 退出循环
    }
    else {
        printf(" 错, ");
        if(i==5){
            printf(" 没机会了！实际数 =%d\n",n);
            continue;             // 也可以用 break; 语句
        }
        if(num>n)
                printf(" 大了！继续 \n");
        else
                printf(" 小了！继续 \n");
    }
    }
}
```

📋 **说明**

程序通过 for 循环控制猜的次数，每循环一次让用户输入一个猜的数，如果猜中，则通过 break 语句结束循环；如果猜错，则首先判断是否达到 5 次，达到了则显示"错，没机会了"，并通过 continue 语句跳过剩余执行语句；没达到 5 次的情况下，继续检查输入数是大了还是小了。

【例6-15】计算平均等车时间

某长途车 6:00～18:00 从始发站每 1 小时整点发车一次。正常情况下，汽车在发车 40 分钟后停靠本站。由于路上可能出现堵车，假定汽车随机耽搁 0～30 分钟，即最坏情况汽车在发车 70 分钟后才到达本站。假设某位旅客在每天的 10:00～10:30 一个随机的时刻来到本站，那么他平均的等车时间是多少分钟？

可以通过编程多次模拟这个过程，计算输出平均等待的分钟数。精确到小数点后 1 位。

【分析】此题实际上就是计算人和汽车到达本站的时间差。由于乘客是在 10:00～10:30 到达车站，汽车每隔 1 小时整点发车 1 次，汽车从始发站到达本站的最少时间是 40 分钟，所以，最早时乘客可以等到 9 时发出的车，如果错过，则只好等 10 时发出的车。可以将 9 时作为相对时间计算的基点，分别计算人和两趟汽车到达本站所过去的分钟数。引入变量 s1 模拟 9 时出发的车到达本站时间点，所以 s1 的值为"40+rand ()%30"，引入变量 s2 模拟 10 时出发的车到达本站相对 9 时的分钟数，所以 s2 的值为"100+rand ()%30"，引入变量 s3 模拟乘客到达本站相对 9 时的分钟数，所以 s3 的值为"60+rand ()%30"。

程序代码如下：

```c
#include <stdio.h>
#include <stdlib.h>
#include <time.h>
void main()
{
    double waitTime;                         // 本次等车时间
    double averageTime = 0;                  // 累计求平均等车时间
    int k;
    srand(time(NULL));
    for(k=0;k<10000;k++)                     // 模拟 1 万次情形
    {
        double s1 = 40 + rand()%30;          // 9 时出发的车
        double s2 = 100 + rand()%30;         // 10 时出发的车
        double s3 = 60 + rand()%30;          // 乘客 10 时后到达
        if(s1 - s3 > 0)                      // 是否 9 时的车晚于乘客到达本站
            waitTime = s1 - s3;              // 赶上 9 时的车
        else
            waitTime = s2 - s3;             // 只能坐 10 时的车
        averageTime += waitTime;
    }
    printf(" 平均等车时间 =%.1f 分钟 ",averageTime/10000);
}
```

【运行结果】

平均等车时间 =37.5 分钟

📝 说明

例 16-15 是利用随机数来模拟概率问题，最终结果不是固定的，但变化范围不大。

【例 6-16】输出由星号 (*) 组成的图案

```
* * * * * * *
 * * * * *
  * * *
   *
  * * *
 * * * * *
* * * * * * *
```

【分析】编程的关键是注意每行的前导空格数量和星号数量的变化规律，根据图案的变化规律，通过循环来控制输出内容的变化。可以将整个图案分为上、下两部分，并分别用循环来输出。上面部分前导空格逐步增多，而星号数量逐步减少，星号每行减少两个；下面部分前导空格逐步减少，而星号数量逐步增多，星号每行增加两个。

程序代码如下：

```
#include "stdio.h"
main()
{
    int i,j,k;
    /* 以下输出上面 4 行 */
    for(i=0;i<4;i++)
    {
        for(j=0;j<=i;j++)              // 输出前导空格
            putchar(' ');
        for(k=0;k<=6-2*i;k++)          // 输出星号
            putchar('*');
        putchar('\n');                 // 输出换行
    }
    /* 以下输出下面 3 行 */
    for(i=0;i<3;i++)
    {
        for(j=0;j<=2-i;j++)            // 输出前导空格
            putchar(' ');
        for(k=0;k<=2*i+2;k++)          // 输出星号
            putchar('*');
        putchar('\n');
    }
}
```

程序的运行结果如图 6-9 所示。

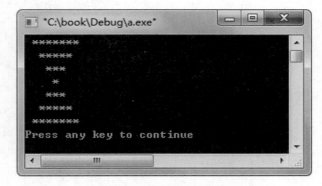

图 6-9　程序的运行结果

习　　题

一、选择题

（1）以下程序的运行结果为（　　　）。

```
void main()
```

```
{
    int i=0,j=2;
    do {
        i=++i;
        j--;
    } while(j>0);
    printf("%d",i);
}
```
A. 0   B. 1   C. 2   D. 3

（2）执行以下程序后，输出结果为（   ）。

```
void main()
{
    int k,f=1;
    for(k=2;k<5;k++)
        f = f * k;
    printf("%d",k);
}
```
A. 24   B. 1   C. 5   D. 4

（3）下列循环的执行次数是（   ）次。

```
int x=4,y=2;
while(--x!=x/y){ }
```
A. 1   B. 2   C. 3   D. 4

（4）以下程序段的输出结果为（   ）。

```
int x=1;
for(x=2;x<=10;x++);
    printf("%d",x);
```
A. 1   B. 2   C. 10   D. 11

（5）语句 while (!E); 中的表达式 !E 等价于（   ）。

A. E==0   B. E!=1   C. E!=0   D. E==1

（6）若 i 和 k 都是 int 型变量，有以下 for 语句：

```
for(i=1,k=3;i<k;i++,k--)
    printf("%d,%d\n",i,k);
```

下面关于语句执行情况的叙述中，正确的是（   ）。

A. 循环体执行 2 次   B. 循环体执行 1 次

C. 循环体执行 3 次   D. 循环体执行 0 次

（7）以下程序的运行结果为（   ）。

```
#include<stdio.h>
void main( )
{ int a=1,b=10;
  do
  {   b-=a;a++;
  } while(b--<0);
```

```
        printf("%d,%d\n",a,b);
    }
```
　　A. 3, 11　　　B. 2, 8　　　C. 1, -1　　　D. 4, 9

（8）有以下程序段：

```
int n,t=1,s=0;
scanf("%d",&n);
do{
    s = s + t;
    t = t - 2;
} while(t!=n);
```

　　为使此程序段不陷入死循环，从键盘输入的数据应该是（　　）。

　　A. 任意正奇数　　　　　B. 任意负偶数

　　C. 任意正偶数　　　　　D. 任意负奇数

（9）下面程序段的运行结果是（　　）。

```
int n = 0;
while(n++<=2); printf("%d",n);
```
　　A. 2　　　　　B. 3　　　　　C. 4　　　　　D. 有语法错误

（10）关于以下程序段的叙述，正确的是（　　）。

```
int x = -1;
do
{
    x = x * x;
} while(!x);
```

　　A. 是死循环　　　　　B. 循环执行 2 次

　　C. 循环执行 1 次　　　D. 有语法错误

（11）关于以下程序段的叙述，正确的是（　　）。

```
int x=3;
do
{
    printf("%d\n",x-=2);
    }while(!(--x));
```

　　A. 输出的是 1　　　　B. 输出的是 1 和 -2

　　C. 输出的是 3 和 0　　D. 是死循环

（12）要求通过 while 循环不断读入字符，当读入字母 N 时结束循环。若变量已正确定义，以下正确的程序段是（　　）。

```
A.while((ch=getchar())!='N')printf("%c",ch);
B.while(ch=getchar()!='N')printf("%c",ch);
C.while(ch=getchar()=='N')printf("%c",ch);
D.while((ch=getchar())=='N')printf("%c",ch);
```

二、写出下列程序的运行结果

程序 1：

```
int j=0;
do {
   if(j==5)break;
   printf("%d",j);
   j++;
} while(j<10);
```

程序 2：

```
int x = 23659;
int m = 0;
while(x>0){
   m = m + x%10;
   x = x/10;
}
printf("%d",m);
```

程序 3：

```
int a=-2,b=0;
while(a++ && ++b);
printf("%d(%d\n",a,b);
```

程序 4：

```
int i;
for(i=1;i<=10; i+=2)
{   if(i==7)
       continue;
       printf("%d,",i);
}
printf("\n%d\n",i);
```

三、程序填空题

（1）统计正整数的各位数字中 0 的个数，并输出各位数字中的最大值。

```
#include<stdio.h>
void main()
{
   int n,count,max,t;
   max = 0;
   【1】;
   scanf("【2】",&n);
   do
   {
       t = 【3】;
       if(t==0)
          ++count;
       else if(max<t)
          【4】
       n/=10;
```

```
    } while(n>0);
    printf("count=%d,max=%d",count,max);
}
```

（2）从键盘输入代表一年四季的一个整数（1～4），输出春、夏、秋、冬的信息。

```
#include <stdio.h>
void main()
{
    int n;
    do
    {
        printf(" 输入一个整数 (1-4)");
        scanf("%d",&n);
    } while(n<1 || 【1】 );
    switch(【2】 )
    {
        case 1: printf(" 春 "); break;
        case 2: printf(" 夏 "); break;
        case 3: printf(" 秋 "); 【3】 ;
        case 4: printf(" 冬 ");
    }
    printf("\n");
}
```

（3）下面程序求 3～750 同构数的和。一个自然数的平方的末几位与该数相同时，称此数为同构数。例如，5×5=25，则称 5 为同构数。

```
#include <stdio.h>
main()
{
    long sum,n,m,s,k;
    sum = 0;
    for(n=3;n<=750;n++)
    {
        if(n<10)k = 10;
        else if(n<100)k = 100;
        else k = 1000;
        s = n * n;
        【1】
        if(s % k == 0)
        {
            【2】
        }
    }
    printf("\n The sum = %d",sum);
}
```

（4）以下程序求 1000 以内的所有完全数之和。一个数如果刚好与它所有的真因子（不包括该数本身）之和相等，则该数为完全数。例如，6=1+2+3，则 6 就是一个完全数。

```
#include <stdio.h>
```

```
main()
{
    int sum,n,m,s,k;
    sum=0;
    for(n=3;n<=1000;n++)
    {
        s = 0;
        k = n/2 + 1;
        for(m=1;m<k;m++)
            if(n%m==0)
                【1】
        if(s==n)
        {
            【2】
        }
    }
    printf("\nThe sum=%d",sum);
}
```

（5）已知 x、y、z 分别表示 0～9 中不同的数字，编程求出使算式 xxxx+yyyy+zzzz=yxxxz 成立时 x、y、z 的值，并输出该算式。

```
#include <stdio.h>
main()
{
    int x,y,z;
    for(x=0; 【1】 ;x++)
        for(y=0;y<10;y++)
        {
            if(y==x)continue;
            for(z=0;z<10;z++)
            {
                if(z==x 【2】  z==y)continue;
                if(1111*(x+y+z)==  【3】 +1110*x+z)
                {
                    printf("x=%d,y=%d,z=%d\n",x,y,z);
                    printf("%d+%d+%d=%d\n",1111*x,1111*y,1111*z, 【4】 );
                    exit(0);
                }
            }
        }
}
```

四、改错题

（1）求出以下分数序列的前 30 项之和。

2/1, 3/2, 5/3, 8/5, 13/8, 21/13, …

程序代码如下：

```
#include <stdio.h>
```

```
main()
{
    long a,b,c,k;
    double s;
    s=0.0;
    a=2;
    b=1;
    for(k=1;k<=30;k++)
        s = s + a/b;
        c = a;
        a = a + b;
        b = c;
    printf("\n 结果: %lf\n"(s);
}
```

（2）求最大公约数。例如，12 和 30 的公约数有 1、2、3、6，其中 6 就是 12 和 30 的最大公约数。辗转相除法，又称欧几里得算法，其算法的自然语言描述如下：

第 1 步：$r=a \% b$，即 r 为所得余数（$0 \leqslant r < b$）。若 $r=0$，算法结束，b 即为所求最大公约数。

第 2 步：互换。将 b 赋值给 a，将 r 赋值给 b，并返回第 1 步。

```
#include <stdio.h>
void main()
{
    int  a,b,r,t;
    printf(" 请输入两个正整数 a,b: ");
    scanf("%d,%d",&a,&b);
    if(a<b)
    {  t=a; a=b; b=t;  }  // 交换，保证 a 大于 b
    while( r = a % b !=0)
    {
        a = b;
        b = r;
    }
    printf(" 它们的最大公约数为: %d\n",b);
}
```

五、编程题

（1）利用以下公式求 e^x 的近似值。

$$e^x=1+x/1!+x^2/2!+x^3/3!+\cdots+x^n/n!+\cdots$$

输出 x 在 0.2～1.0 步长为 0.2 的所有 e^x 值。（计算精度为 0.00001）

（2）有一条长 2000m 的绳子，每天剪去 1/3，计算多少天后长度变为 1 cm。

（3）计算 n 至少多大时，以下不等式成立。

$$1+1/2+1/3+\cdots+1/n>6$$

（4）从键盘输入 10 个整数，找到最大值和最小值并输出。

（5）少年宫新近订购了一批小机器人配件，共有 3 类，其中，A 类含有 8 个轮子、1 个传感器；B 类含有 6 个轮子、3 个传感器；C 类含有 4 个轮子、4 个传感器。共订购了 100 套机器人，收到轮子 600 个，传感器 280 个。请问，B 类机器人订购了多少个？

（6）用二重循环输出九九乘法表。注意用制表符"\t"实现结果的对齐显示。

（7）设 N 是一个 4 位数，它的 9 倍正好是其反序数，求 N。反序数就是将整数的数字倒过来形成的数。

（8）从 3 个红球、5 个白球、6 个黑球中任意取出 8 个球，且其中必须有黑球，输出所有可能的方案。（提示：可用三重循环来模拟 3 类球的数量。）

（9）从键盘输入一系列字符，以"#"号作为结束标记，求这些字符中的最小者。注：输入数据建议采用一行输入（如 abdhg34dg#）。

第 7 章　数组

本章知识目标：

❑ 掌握一维数组和二维数组的定义、空间分配。

❑ 掌握用循环访问数组元素的方法。

❑ 掌握字符数组的访问特点，了解字符串函数的使用。

数组是程序设计语言中常用的一种数据组织方式，数组广泛应用于批量数据的处理，用来存储一系列数据。C 语言支持一维数组和多维数组。数组的主要特点如下。

（1）数组是相同数据类型元素的集合。

（2）数组中各元素按先后顺序连续存放在内存之中。

（3）每个数组元素用数组名和它在数组中的位置（称为下标）来表达。

7.1　一维数组

一维数组与数学上的数列有着很大的相似性。数列 a_1、a_2、a_3… 的特点也是元素名字相同，下标不同。数组就是相同类型元素构成的序列，在程序设计语言中用方括号来表示数组元素的下标内容。

7.1.1　一维数组的定义与访问

1. 一维数组的定义

一维数组的定义方式为

类型说明符　数组名 [数组长度]；

其中，类型说明符是基本数据类型或构造数据类型。数组名应符合标识符的书写规定，方括号中的数组长度是正整数常量表达式，它是用来表示数组元素的个数。例如：

```
int score[10] ;          /* 整型数组 score 有 10 个元素 */
char ch[20];             /* 字符数组 ch 有 20 个元素 */
```

对于数组定义应注意以下几点。

（1）数组类型是指数组元素的取值类型，一个数组所有元素的数据类型都是相同的。

（2）数组名不能与同一作用域的其他变量名同名。

（3）数组长度不可以是变量，但可以是符号常数或常量表达式。

例如，以下数组的定义是合法的。

```
#define N 5
int a[N+2],b[N];
```

以下数组定义是错误的，原因是数组定义的下标范围不能为变量。

```
int n = 5;
int a[n];                //C 语言不支持可变大小的数组
```

【版本更新】在目前的多数编译环境下，数组的大小不允许在运行时改变。在 C99 标准中，新增了允许定义动态数组，也就是说，在 C99 标准中是支持可变长数组的。

（4）允许在同一个类型说明语句中出现多个数组和多个变量。例如：

```
int a,b,c,d,k1[10],k2[20];
```

数组定义后就决定了数组的大小，即知道其含有元素的个数。这里，除了定义 4 个整型变量，还定义了两个数组。其中，整型数组 k1 有 10 个元素；整型数组 k2 有 20 个元素。

数组必须遵循先定义后使用的原则，数组元素是组成数组的基本单元。使用数组是通过访问数组元素来实现。

2. 数组元素

对于数组的访问是通过数组元素来实现的，数组元素也是一种变量，称为下标变量。下标表示了元素在数组中的顺序号。

数组元素的表示形式为

```
数组名 [ 下标 ];
```

【重点提醒】有关数组元素的下标表示和取值要注意以下几点。

（1）数组元素的下标从 0 开始，最大下标值为数组大小减 1。因此，前面定义的 score 数组，其 10 个数组元素分别为 score [0]、score [1]、score [2]、…、score [9]。数组元素如图 7-1 所示。

（2）下标只能为整型常量或整型表达式。

（3）引用数组元素要注意下标越界问题，C 语言编译器不会对数组下标是否越界进行检查，实际编程时要靠程序员注意，对数组的越界访问是危险的做法。

（4）下标本身可以是变量，因此，经常通过循环来遍历访问数组元素，用循环控制变量来控制下标的变化，从而访问各个数组元素。数组元素的值就是对应单元的存储数据。

score [0]	?
score [1]	?
score [2]	?
score [3]	?
score [4]	?
score [5]	?
score [6]	?
score [7]	?
score [8]	?
score [9]	?

图 7-1　数组元素

例如，要输出数组的数据也要通过循环，以下输出 score 数组的元素值。

```
for(i=0; i<10; i++)
    printf("%d",score[i]);
```

🔊 **注意**

> 不能通过数组名来直接输出整个数组，因此，下面的写法是错误的：
>
> printf("%d",score);

同样，也不能通过数组名直接给一个数组赋值，将一个数组的数据赋值给另一个数组需要借助循环访问各个数组元素来完成。

类似地，给数组输入数据可以用循环语句配合 scanf() 函数来给数组元素逐个赋值。

```
for(i=0;i<10;i++)
    scanf("%d",&score[i]);
```

也可以通过随机函数给数组元素赋值。例如：

```
for(i=0;i<10;i++)
    score[i] = rand()%101;          // 产生 0~100 的整数
```

3. 数组元素初始化

给数组赋值除了用赋值语句对数组元素逐个赋值，还可以采用初始化赋值的方法。数组初始化赋值是指在数组定义时给数组元素赋予初值。数组初始化是在编译阶段进行的，这样将减少运行时间，提高效率。每个数组所占据的空间是在数组定义时就确定好了，其大小在运行时是不可变的。

数组定义时给数组一个初值表，则数组元素将按初值表中数据设置初值。格式如下。

格式 1：类型　数组名 [ ] = { 初值表 }；
格式 2：类型　数组名 [常量] = { 初值表 }；

【重点提醒】关于用初值表给数组赋初值要注意下面几点。

（1）如果按格式 1 给数组赋初值，则初值表中数据数量决定数组的大小。例如：

```
int a[] = {1,2,3,4,5};
```

则数组 a 含 5 个元素，从下标 0 开始的各数组元素的值分别为 1,2,3,4,5。

（2）用格式 2 定义数组时，初值表元素数量可以小于数组的大小。

这时只给前面部分元素赋值，后面元素会自动赋该数据类型的默认值。例如：

```
int b[4] = {4,3};
```

则数组 b 的 4 个元素值分别为 4,3,0,0。

（3）用格式 2 定义数组时，初值表的数据数量不能多于数组元素的大小，因此，以下情况不能通过编译。

```
int b[4] = {4,3,4,7,8};
```

C 语言编译器会检查初值表中数据的个数是否超出数组的大小，赋值号左边定义了数组的大小为 4，右边则提供了 5 个数据，所以编译能及时发现错误。

7.1.2　一维数组应用举例

【例 7-1】计算平均成绩并统计高于平均成绩的学生人数

输入 10 个学生成绩，求学生的平均成绩，并统计高于平均成绩的学生人数。

【分析】如果仅仅是求学生的平均成绩可以不用数组，现在还要统计高于平均成绩的学生人数，这就涉及对数据的反复处理。可以将数据保存在数组中，先用循环遍历数组元素累加出成绩总和，除以人数即可得到平均成绩。接下来再次用循环遍历数组统计出高于平均成绩的学生人数。

程序代码如下：

```c
#include <stdio.h>
#define N 10
void main()
{
    int score[N],k,count=0;
    double sum,average;
        /* 以下将输入的学生成绩存入数组 score 中 */
    for(k = 0; k < N; k++)
    {
        printf( "请输入第 %d 个学生成绩: ",k+1 );
        scanf("%d",&score[k]);
    }
        /* 以下计算平均成绩 */
    sum = 0;
    for(k = 0; k < N; k++)
        sum += score[k];
    average = sum/N;
    printf("平均成绩: %lf\n" ,average);
        /* 以下统计高于平均成绩的人数 */
    for(k = 0; k < N; k++)
        if(score[k]>=average)
            count++;
    printf("高于平均成绩的学生人数: %d\n",count);
}
```

【运行结果】

```
请输入第 1 个学生成绩: 54
请输入第 2 个学生成绩: 87
请输入第 3 个学生成绩: 65
请输入第 4 个学生成绩: 90
请输入第 5 个学生成绩: 47
请输入第 6 个学生成绩: 98
请输入第 7 个学生成绩: 90
请输入第 8 个学生成绩: 87
请输入第 9 个学生成绩: 78
请输入第 10 个学生成绩: 65
平均成绩: 76.100000
高于平均成绩的学生人数: 6
```

📝 **说明**

> 在该程序中，给数组提供数据和计算平均值的操作分别用两个循环来处理，虽然可以合并为一个循环，但建议读者还是要养成每个程序块功能独立的编程风格，这样的程序更清晰。

【思考】 计算 10 个学生成绩的最高分、最低分，应该如何修改程序呢？

【例 7-2】 利用随机数模拟投掷色子 500 次，输出各个点数的出现次数

【分析】 色子的值只有 6 种情况，可以定义一个数组来统计这 6 种情况，数组的大小就是 6。投掷 500 次可以通过一个循环来控制，每次投掷的结果决定给哪个数组元素增加 1，注意数组的下标是从 0 开始，而色子的值是从 1 开始，所以，要进行减 1 的计算。投掷 1 时给下标为 0 的元素增值 1，依次类推。

程序代码如下：

```c
#include <stdio.h>
#include <stdlib.h>
#include <time.h>
void main()
{
    int count[6] ={ 0 };          // 所有元素赋初值 0
    int k;
    srand(time(NULL));
    for(k = 0; k<500; k++)        // 投掷 500 次
    {
        int v = rand()% 6 + 1;
        count[v-1]++;             // 对应色子点值的统计元素值增加 1
    }
    for(k= 0; k < 6; k++)
        printf("%d 出现次数为：%d\n",(k+1),count[k]);
}
```

【运行结果】

```
1 出现次数为：77
2 出现次数为：80
3 出现次数为：76
4 出现次数为：96
5 出现次数为：83
6 出现次数为：88
```

📝 **说明**

> （1）由于是随机产生的数据，所以该程序的运行结果不固定。如果增加投掷次数，则各个点值出现的次数更接近，利用随机函数可以验证概率问题。
>
> （2）"count [v-1] ++;" 是程序中一个有趣之处。有些读者会想到用 switch 语句来实现，根据 v 的值，安排若干 case 来给数组元素增加值。代码如下：
>
> ```c
> switch(v)
> ```

```
{
        case 1: count[0]++; break;
        case 2: count[1]++; break;
        case 3: count[2]++; break;
        case 4: count[3]++; break;
        case 5: count[4]++; break;
        case 6: count[5]++;
}
```

两者效果相同，但这样的设计显然没注意 case 值和数组元素下标之间的关系。

【例 7-3】将一维数组元素按由小到大顺序重新排列并输出

【分析】排序方法有很多种，这里介绍一种最简单的办法——交换排序法。假设有 n 个元素，即 a[0]、a[1]、…、a[n-1]，采用交换排序法进行排序的基本流程如下。

第 1 遍，目标是将最小值赋值给第 1 个元素。做法是将第 1 个元素与后续各元素（i+1~n-1）逐个进行比较，如果有另一个元素比它小，就交换两个元素的值。

第 2 遍，仿照第 1 遍的做法，将剩余元素中最小值赋值给第 2 个元素。即将第 2 个元素与后续元素进行比较，如果有另一个元素比它小，就交换两个元素的值。

⋮

最后一遍 [第（n-1）遍]，将剩下的两个元素 a[n-2] 与 a[n-1] 进行比较，将最小值赋值给 a[n-2]。

交换排序法要进行（n-1）遍比较（外循环），在第 i 遍（内循环）要进行（n-i）遍比较。

程序代码如下：

```
#define n 10
#include <stdio.h>
void main()
{
    int k,i,j;
    int a[ ] = { 4,6,3,8,5,3,7,1,9,2 };
    printf(" 排序前……\n");
    for(k = 0; k < n; k++)
        printf("%d  " ,a[k]);
    printf("\n");
    /* 以下对数组元素按由小到大进行排序 */
    for(i = 0; i < n - 1; i++)
        for(j = i + 1; j < n; j++)
            if(a[i] > a[j])
            {
                /* 交换 a[i] 和 a[j] 的值 */
                int temp = a[i];
                a[i] = a[j];
                a[j] = temp;
            }
    printf(" 排序后……\n");
    for(k = 0; k < n; k++)
        printf("%d  ",a[k]);
}
```

【运行结果】

```
排序前……
4 6 3 8 5 3 7 1 9 2
排序后……
1 2 3 3 4 5 6 7 8 9
```

✐ **说明**

交换 a[i] 和 a[j] 的值，如果直接使用语句：a[i] = a[j]; a[j] = a[i];，会导致两个元素的值均为 a[j] 原来值，所以引入一个临时变量。注意语句排列次序。

📢 **注意**

思考二重循环中控制变量 i 和 j 的初值与终值，实际上循环变量的取值范围也是根据具体排序算法的设计思想来决定的。

7.2   二维数组

C 语言支持多维数组，多维数组拥有多个下标。多维数组中最常见的是二维数组。

7.2.1   二维数组的定义

二维数组在形式上与数学中的矩阵和行列式相似。声明二维数组形式如下：

```
类型    数组名 [行数] [列数];
```

例如：

```
int a[2][3];
```

二维数组的数组元素名为 a [*i*] [*j*]，其中 a 是数组名称，*i* 和 *j* 分别是代表一个元素的行列位置的两个下标。

以上定义了一个 2 行 3 列的二维数组 a，数组的每个元素为一个整数。各元素通过行和列两个下标的值来区分，每个下标的最小值为 0、最大值比行数或列数少 1。

数组 a 共包括 6 个元素，即 a [0] [0]、a [0] [1]、a [0] [2]、a [1] [0]、a [1] [1]、a [1] [2]。其逻辑组织排列如表 7-1 所示，第 1 个下标代表行，第 2 个下标代表列。

表 7-1   二维数组的逻辑组织排列

a [0] [0]	a [0] [1]	a [0] [2]
a [1] [0]	a [1] [1]	a [1] [2]

从本质上来说，二维数组可以理解为一维数组的一维数组，即二维数组也是一个特殊的一维数组，每一个数组元素又是一个一维数组。

二维数组在概念上是二维的，但在内存中是连续存放的。二维数组是按行排列的，其存储排列如图 7-2 所示，即先存放 a [0] 行，再存放 a [1] 行；每行中的 3 个元素是按列下标的次序进行存放。

数组 a 为 int 型，每个元素占用 4 个字节，整个数组共占用 24 个字节。

a [0] [0]	?
a [0] [1]	?
a [0] [2]	?
a [1] [0]	?
a [1] [1]	?
a [1] [2]	?

图 7-2　二维数组的存储排列

7.2.2　二维数组的初始化

多维数组可以通过在括号内为每行指定值进行初始化。

二维数组的初始化要注意以下几点。

（1）根据二维数组的特点，可以分行给二维数组赋初值。

具体方法是将每行元素初值以逗号分隔，写在大括号内，每个大括号内的数据对应一行元素。各行元素以逗号分隔，写在一个总的大括号中。例如：

```
int a[3][2] = {
    {0,1},// 第 1 行的元素
    {2,3},// 第 2 行的元素
    {4,5}            // 第 3 行的元素
};
```

（2）如果初值能填满整个数组，则可以将数组所有元素初值按相应顺序写在一个大括号内，各初值用逗号分隔，按数组元素排列顺序给各元素赋初值，例如：

```
int a[3][2] = {0,1,2,3,4,5};
```

（3）可以只对部分元素安排初值，未安排初值的元素按数据类型赋默认初值。

例如：

```
int a[3][2] = {{1, 2},{4},{5, 3}};          // 其中，第 2 行的第 2 个元素赋默认初值 0
```

（4）如果对全部元素赋初值，则第一维的长度可以不给出，但是第二维大小必须指定。C 语言编译系统可以根据初值数目与第二维大小（列数）自动确定第一维大小。

若是采用分行初始化的方式，则根据初值行数（内层大括号对数）确定第一维大小。

例如：

```
int a[][3] = {1,2,3,4,5,6,7,8,9};
int a[][3] = {{1,2,3},{4,5,6},{7,8,9}};
```

7.2.3　遍历访问二维数组元素

二维数组中的元素是通过下标（即数组的行索引和列索引）来访问的。二维数组元素的输入、

输出一般采用二重循环语句实现。

以下代码给一个 3 行 4 列的二维数组输入数据，并将数组的数据内容按行列顺序输出。

```
int  a[3][4],i,j;
for(i=0; i<3; i++)
   for(j=0; j<4; j++)
     scanf("%d",&a[i][j]);        // 数组的每个元素是一个变量
/* 以下输出数组 */
for(i=0; i<3; i++)
{
   for(j=0; j<4; j++)
     printf("%d\t",a[i][j]);
   printf("\n");                   // 在内循环结束后输出换行
}
```

【例7-4】计算平均分和总平均分

一个学习小组有 5 个人，每个人有 3 门课程的考试成绩，求该小组各科的平均分和总平均分。

--	Math	C 语言	English
张 涛	80	75	92
王正华	61	65	71
李丽丽	59	63	70
赵圈圈	85	87	90
周梦真	76	77	85

【分析】可以定义一个二维数组 a [5] [3] 存放 5 个人 3 门课程的考试成绩，定义一个一维数组 v [3] 存放各科的平均分，再定义一个变量 average 存放各科的总平均分。

程序代码如下：

```
#include <stdio.h>
void main()
{
    int i,j;                     // 循环控制变量
    int sum;                     // 当前科目的总成绩
    int average;                 // 总平均分
    int v[3];                    // 各科的平均分
    int a[5][3]={{80,75,92},{61,65,71},{59,63,70},{85,87,90},{76,77,85}};
    for(i=0; i<3; i++)
    {
        sum = 0;
        for(j=0; j<5; j++)
            sum += a[j][i];       // 计算当前科目的总成绩
        v[i] = sum / 5;           // 当前科目的平均分
    }
    average =(v[0] + v[1] + v[2])/ 3;
    printf("Math: %d\nC 语言: %d\nEnglish: %d\n",v[0],v[1],v[2]);
    printf(" 总平均分: %d\n",average);
}
```

【运行结果】

```
Math: 72
C 语言: 73
English: 81
总平均分: 75
```

📝 **说明**

> 该程序的二重循环有些特殊，外循环的循环控制变量 i 是用来控制数组的列下标值的变化，而内循环的循环控制变量 j 是用来控制数组的行下标值的变化。每一列是对应一个科目，求各科的平均分就是统计 5 个学生该科目的平均。

【例 7-5】 矩阵相乘 $C_{n \times m} = A_{n \times k} \times B_{k \times m}$

【分析】 矩阵 C 的任意一个元素 $C(i, j)$ 的计算是将矩阵 A 第 i 行的元素与矩阵 B 第 j 列的元素对应相乘的累加和。公式表示如下：

$$C(i, j) = \sum_{p=0}^{k-1} A(i, p) \times B(p, j)$$

其中，i 的变化范围为 $0 \sim n-1$；j 的变化范围为 $0 \sim m-1$；p 的变化范围为 $0 \sim k-1$，所以，矩阵相乘需要用三重循环来实现。

程序代码如下：

```c
#include <stdio.h>
void main()
{
    int a[][3] = { {1,0,3},{2,1,3 }};                 // 2 行 3 列
    int b[][3] = { {4,1,0},{-1,1,3},{2,0,1}};  // 3 行 3 列
    int c[2][3];                                       // 2 行 3 列
    int n = 2,k = 3,m = 3;
    int i,j,p;
    printf("***** Matrix A *****"\n);                  // 输出矩阵 A
    for(i = 0; i < n; i++)
    {
        for(j = 0; j < k; j++)
            printf("%d\t",a[i][j]);
        printf("\n");
    }
    printf("***** Matrix B *****\n");                  // 输出矩阵 B
    for(i = 0; i < k; i++)
    {
        for(j = 0; j < m; j++)
            printf("%d\t",b[i][j]);
        printf("\n");
    }
    /* 计算 C=A×B */
```

```
for(i = 0; i < n; i++)
{
    for(j = 0; j < m; j++)
    {
        c[i][j] = 0;
        for(p = 0; p < k; p++)
            c[i][j] += a[i][p] * b[p][j];
    }
}
printf("*** Matrix C=A×B ***\n");                    // 输出矩阵 C
for(i = 0; i < n; i++)
{
    for(j = 0; j < m; j++)
        printf("%d\t",c[i][j]);
    printf("\n");
}
}
```

【运行结果】

```
***** Matrix A *****
1       0       3
2       1       3
***** Matrix B *****
4       1       0
-1      1       3
2       0       1
*** Matrix C=A×B ***
10      1       3
13      3       6
```

7.3　字符数组——字符串

7.3.1　字符数组的定义

在 C 语言中，没有专门的字符串类型，字符串实际上就是用 NULL 字符 '\0' 作为终止的一维字符数组来表示。'\0' 字符称为字符串结束标记。对于没有结束标记的字符数组在进行字符串的各类处理时将会出现错误。

字符数组的定义格式如下：

```
char    数组名 [ 元素个数 ];
```

以下代码定义一个字符数组 s，输出格式描述按字符串（%s）进行输出。

```
#include <stdio.h>
void main()
{
    char s[6] = {'H','e','l','l','o','\0'};
```

```
        printf(" 消息: %s\n",s);
}
```

【运行结果】

消息: Hello

7.3.2　字符数组的初始化

字符数组也允许在定义时进行初始化赋值。例如：

```
char str2[7] = {'P','r','o','g','r','a','m'};
```

对于字符数组的初始化要注意以下几点。

（1）可以只给部分数组元素赋初值。例如：

```
char  s[5] = { 97,'8' };
```

该数组中有 5 个元素，前两个元素为 'A' 和 '8' 字符，按照字符类型数据的默认赋值原则，其他均赋值为 '\0'，其 ASCII 编码值为 0。字符数组初始化举例如图 7-3 所示。

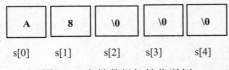

s[0]　　s[1]　　s[2]　　s[3]　　s[4]

图 7-3　字符数组初始化举例

（2）当对数组全体元素赋初值时可以省去元素个数说明。例如：

```
char  s[] = {'P','r','o','g','r','a','m'};
```

该数组的长度自动定义为 7。

📢 注意

用字符初值来确定数组大小，会导致在字符串的末尾没有结束标记字符 '\0'。除非在初值表的末尾特别增加一个 '\0' 字符。

（3）用字符串常量初始化数组。

```
char  str[5] = {"Good"};
```

其中大括号可以省略，变成以下形式：

```
char  str[5] = "Good";
```

【难点辨析】用字符串常量给字符数组赋初值会将字符串常量的内容以及结束标记加入字符数

组中。但要注意字符串常量中所含字符个数加上结束标记符不能超出数组的范围，否则，字符数组中含有的字符也会没有结束标记字符。例如：

```
char   x[4]="hello";
printf("x=%s\n",x);        // 输出 x=hell? □
```

由于赋值后的字符数组中没有结束标记字符，输出结果中出现乱码字符。

【思考】按以下方式定义的字符数组是否等价？

```
char   s[] = "abc";
char   s[] = {'a','b','c','\0'};
char   s[] = {97,98,99,0};
char   s[4] = {'a','b','c'};
```

【例 7-6】编写一程序，输入月份，输出该月份的英文名

编写一程序，输入月份，输出该月份的英文名。例如，输入 3，则输出 **March**，要求用数组处理。

【分析】一个字符串可以用一维字符数组表示，若干字符串则可以用二维字符数组表示。给二维字符数组赋初值的办法是在初值表中列出这些字符串。每行的字符就构成一个字符串，要直接访问某行的字符串可用一维下标变量（只要行下标即可）。

程序代码如下：

```
#include <stdio.h>
void main()
{
    char month[][10]={"January","February","March","April","May","June",
        "July","August","September","October","November","December"};
    int n;
    printf("input month:\n");
    scanf("%d",&n);
    if((n<=12)&&(n>=1))
        printf("It is %s.\n",month[n-1]);
    else
        printf("It is wrong.\n");
}
```

✎ 说明

> 例 7-6 演示了二维字符数组的情形，每行的元素构成一个字符串，在数组定义时限定每个字符串的长度最大为 9，最后一个字符位置用于存放字符串的结束标记字符 '\0'。month [n-1] 就是访问第 n 行全部字符构成的字符串。

7.3.3 字符数组的输入 / 输出

C 语言提供了多种形式进行字符数组的数据输入和输出。字符数组的输入 / 输出，既可以按逐

个字符进行输入 / 输出处理，也可以按整个数组作为一个字符串的形式进行输入 / 输出处理。

假设定义了一个含 10 个元素的字符数组：

```
char   str[10];
```

下面针对该数组讨论字符数组的输入和输出问题。

1. 字符数组的输入

（1）利用 getchar () 函数逐个字符进行输入。例如：

```
int i ;
for(i=0;i<9;i++)
    str[i] = getchar();          // 每次循环输入 1 个字符给数组元素赋值
```

（2）利用 scanf () 函数的 %c 格式符逐个字符输入。例如：

```
int  i ;
for(i=0;i<9;i++)
    scanf("%c",&str[i]);          // 每次循环读取 1 个字符给数组元素赋值
```

在程序运行时，提供字符要连续输入，不能在字符之间插入空格、制表符、Enter 键（除非确实想读入这些字符作为数据）。例如，以下输入将提供 9 个字符：

```
Abcxyz123<Enter>
```

📢 **注意**

以单个字符输入形式给字符数组输入数据时，不会在字符数组末尾自动加 '\0' 字符。因此，要形成完整字符串还应在数据后另行增加 '\0'。例如，str [9]='\0'。上面代码的循环控制变量终值小于 9，就是为了留出一个位置给字符串添加结束标记字符。

（3）利用 scanf () 函数的 %s 格式符直接输入整个字符串。例如：

```
scanf("%s",str);             /* 数组名 str 代表数组在内存的起始地址 */
```

或

```
scanf("%s",&str[0]);
```

其中，前一种方式更常见。str 和 &str [0] 都是代表字符串 str 的首地址。

当通过键盘输入 Good 并按 Enter 键时，系统会自动在字符串 Good 后加上结束标记字符 '\0'，一并存入字符数组 str 中。

📢 **注意**

scanf () 函数中的 %c 对应单个字符的输入，而 %s 对应字符串的输入。

（4）利用字符串输入 gets () 函数获取整个字符串。例如：

```
gets(str);
```

功能：从键盘读取一行字符赋值给字符数组 str。

📢 注意

> 这样得到的字符串也会自动在字符串的末尾增加结束标记字符。

【难点辨析】 gets() 函数和 scanf() 函数读取字符串的比较。

一方面，采用 gets(str) 函数从键盘输入字符串时，以 Enter 键作为结束标记，而采用 scanf("%s", str) 函数从键盘输入字符串时，以空格、制表符、Enter 键作为输入结束标记。用 gets(str) 函数可以获取含有空格在内的字符串。

另一方面，一条 gets(str) 语句只能读取一个字符串，而一条 scanf 语句可以读取多个字符串。例如，scanf("%s%s", str1, str2) 函数可以读两个字符串，两个字符串之间可以用空格、制表符、Enter 键作为分隔。

2. 字符数组的输出

（1）逐个字符输出的方法。

● 利用 putchar() 函数输出。例如：

```
for(i=0;i<9;i++)                 // 输出所有元素要使用循环
    putchar(str[i]);            // 用 putchar() 函数输出单个字符
```

● 利用 printf() 函数的 %c 格式符输出。例如：

```
for(i=0;i<9;i++)
    printf("%c",str[i]);        // 用 printf() 函数输出单个字符
```

（2）直接输出整个字符串的方法。

● 利用 printf() 函数的 %s 格式符输出。例如：

```
printf("%s",str);
```

或

```
printf("%s",&str[0]);
```

其中，前一种方法使用更常见。

● 利用字符串输出函数 puts(str) 输出整个字符串。例如：

```
puts(str);
```

【例 7-7】 统计一个输入字符串中出现英文字符的次数

【分析】 可以通过遍历字符串中每个字符，来统计英文字母的出现次数。对于字符串中字符的遍历处理一般采用循环从头向尾扫描每个字符，首先判断当前字符是否为结束标记字符（'\0'）的办法，如果是，则结束循环；如果不是，则继续判断当前字符是否为英文字符。不建议根据字符数

组的大小来确定循环次数，因为实际字符串不是整个字符数组的内容，而是遇到第一个 '\0' 字符就代表其结束。另外，判断英文字母要考虑大小写，这里，大写和小写字母的处理方式相同。

　程序代码如下：

```
#include <stdio.h>
void main()
{
    int k=0,count = 0;
    char c,str[80];
    printf(" 请输入一个字符串：\n");
    gets(str);
    while((c=str[k++])!=0)
      if( c>='a'&& c<='z' || c>='A' && c<='Z')
          count++;
    printf(" 字符串 %s 中出现英文字母的次数 =%d\n",str,count);
}
```

【运行结果】

请输入一个字符串：
hello ABC 123 bye!
字符串 hello ABC 123 bye! 中出现英文字母的次数 =11

📝　说明

循环的条件 (c=str[k++])!=0 是遍历处理字符串中字符的常见的条件表达形式，这里获取字符串的第 k 个位置的字符给变量 c 赋值，同时对 k 进行后增值，由于赋值运算的优先级最低，要保证先赋值，再和结束标记字符 '\0' 进行比较，就必须将赋值表达式用圆括号括起来。

7.4　字符串处理的常用函数

　　C 语言提供了丰富的字符串处理函数，这些函数都包含在头文件 string.h 中。以下介绍其中的几个常用函数。使用这些函数时要注意，字符串有两种形式，一种是字符串常量；另一种是字符串变量。涉及要改变字符串内容的函数参数，一定要用字符串变量。

7.4.1　计算字符串长度的函数 strlen ()

　格式：

```
int strlen(字符串);
```

　功能：函数返回值为字符串的实际长度，不包括 '\0' 在内的字符个数。

　例如：

```
char    str[6] = "Good";
printf("%d",strlen(str));        // 结果为 4
```

【重点提醒】字符数组的大小和字符串的长度是两个不同的概念，以上字符数组 sizeof (str) 的结果是 6，也就是数组的大小是 6，但字符串长度是 4。

如果字符串数组中不包含结束标记字符，则求字符串长度的结果将不准确。

例如，以下给数组初始化的字符串字符数超出数组的大小，因此，在字符数组中没在尾部添加结束标记字符。

```
char    str[5] = "Goodbye";
printf("%d",strlen(str));        // 结果为 11
```

【趣味问题】在字符串中可以包含汉字字符，但在 C 语言中，一个汉字通常是占两个英文字符位置（这点取决于具体系统），每个汉字字符的长度为两个字节。

```
char    s[20]="汉字 World";
printf("%d\n",strlen(s));        // 结果为 9
```

【例 7-8】将字符串中所有大写字母全部换成小写字母

【分析】对字符串中每个字符进行遍历访问，如果是小写字母字符，则改为大写，这里要涉及对字符串中字符的修改操作。用求字符串长度函数 strlen () 的值作为循环终点，这是对字符数组中字符的另一种遍历访问办法。

程序代码如下：

```
#include <stdio.h>
#include <string.h>
void main()
{
    int k;
    char c,str[80];
    printf(" 请输入一个字符串：\n");
    gets(str);
    for(k=0; k<strlen(str); k++)
    {
        c = str[k];
        if(c>='A' && c<='Z')
            str[k] += 32;
    }
    printf("%s\n",str);
}
```

【运行结果】

```
请输入一个字符串：
Welcome To ECJTU!
welcome to ecjtu!
```

【难点辨析】程序中利用大小写字母之间的 ASCII 编码值相差 32 的特点，所有大写字母加上 32 就得到相应的小写字母。

实际上，没必要记住大小写字母之间的 ASCII 编码的差值，小写字母换成大写字母也可用以下表达方式：

```
str[k] += 'a'-'A';
```

【例 7-9】计算单词的平均长度并统计单词个数

设有一批英文单词（10 个）存放在一个数组中。

（1）计算所有单词的平均长度值。

（2）统计以字母 a 开头的单词个数。

【分析】每个单词是一个字符串，在 C 语言中对应一个一维字符数组，一批英文单词，则可以用一个二维字符数组表示，二维字符数组的每行对应一个英文单词，用一维方式访问这个数组的某行元素就可以得到该行存储的单词。

程序代码如下：

```
#include <stdio.h>
#include <string.h>
void main()
{
    int k;
    char str[][20]={"hello","bye","book","another","an",
        "kind","sum","the","student","a"};      // 假设每个单词长度小于 20
    float avglen = 0;
    int count = 0;
    for(k=0;k<10;k++)
    {
        avglen += strlen(str[k]);               // 第 k 行的英文单词
        if(str[k][0]=='a')                      // 判断单词的首字符是否为 a
            count++;
    }
    printf(" 所有单词的平均长度值 =%4.2f\n",avglen/10);
    printf(" 以字母 a 开头的单词个数 =%d\n",count);
}
```

【运行结果】

```
所有单词的平均长度值 =3.90
以字母 a 开头的单词个数 =3
```

7.4.2 字符串复制函数 strcpy ()

格式：

```
strcpy( 字符串 1, 字符串 2)
```

功能：将"字符串 2"复制到"字符串 1"中。其中，字符串 1 必须为字符串变量；字符串 2 为字符串常量或字符串变量均可。

🔊 **注意**

> C 语言不能通过赋值语句将一个字符串赋值给某个字符串变量。在 C 语言中是用字符数组表示字符串变量，数组不能通过赋值语句直接赋值（初值表除外），要修改数组可以通过循环控制修改其元素值。当然，也可以通过输入语句给字符数组赋值。现在采用 strcpy () 函数可以实现字符串变量的复制赋值。

【例 7-10】 从键盘输入 10 个字符串，找出最长的一个字符串

【分析】 问题核心是对字符串的长度进行比较，把最长的那个字符串找出来。引入二维字符数组 str 存放 10 个字符串，引入一维字符数组 max 存放最长的那个字符串，并引入整型变量 maxlen 记下最大长度。

程序代码如下：

```c
#include <stdio.h>
#include <string.h>
void main()
{
    char str[10][80];              // 存放 10 个字符串
    char max[80];                  // 存放最长字符串
    int i,len,maxlen;
    printf(" 请输入 10 个字符串：\n");
    for(i=0;i<10;i++)              // 读入 10 个字符串
        gets(str[i]);
    strcpy(max,str[0]);
    maxlen = strlen(str[0]);        // 先假定第 1 个字符串长度最大
    for(i=1; i<10; i++)
        if((len = strlen(str[i]))> maxlen)
        {
            strcpy(max,str[i]);   // 更新长度最大的字符串
            maxlen = len;
        }
    printf(" 最长的字符串为：%s\n",max);
}
```

7.4.3　字符串连接函数 strcat ()

格式：

```
strcat( 字符串 1, 字符串 2)
```

功能：把"字符串 2"连接到"字符串 1"的后面。其中，字符串 1 必须是字符串变量；字符串 2 则允许是字符串常量。

例如：

```
char str1[10] = "Good",str2[]="bad";
strcat(str1,str2);
printf("%s",str1);          // 结果为 Goodbad
strcat(str1,"!");
printf("%s",str1);          // 结果为 Goodbad!
```

在上面代码段中，str1 这个字符串经历了两次改变。

7.4.4 字符串比较函数 strcmp ()

格式：

```
int strcmp( 字符串 1, 字符串 2)
```

功能：比较"字符串 1"和"字符串 2"的大小，即从左到右逐个比较字符 ASCII 编码值的大小，直到出现的字符不一样或遇到 '\0' 为止。根据比较结果函数返回以下值：

（1）若字符串 1 等于字符串 2，则函数的返回值为 0。

（2）若字符串 1 大于字符串 2，则函数的返回值为一正整数。

（3）若字符串 1 小于字符串 2，则函数的返回值为一负整数。

🔊 注意

两个字符串的大小比较不能采用关系运算符，必须通过 strcmp () 函数。例如：
```
char   str1[15] = "abcdef";
char   str2[15] = "ABCDEF";
int   ret1 = strcmp(str1,str2);          // 函数值为 1
int   ret2 = strcmp(str1,"abcf");        // 函数值为 -1
int   ret3 = strcmp(str2,"ABCDEF");      // 函数值为 0
```

【思考】如果将例 7-10 改为求最大的一个字符串，应如何修改程序？

习   题

一、选择题

（1）以下程序的运行结果为（   ）。
```
void main()
{
    int anar[5]={0};
    printf("%d",anar[1]);
}
```
A. 出错：anar 在未初始化前被引用   B. NULL

C. 0　　　　　　　　　　　　　　　　　D. 5

（2）若有说明：int a [10];，则对数组 a 的元素的正确引用是（　　　）。

A. a [10]　　　　　　B. a [3.5]

C. a [-5]　　　　　　D. a [10-10]

（3）在 C 语言中，在引用数组元素时，数组下标的数据类型可以是（　　　）。

A. 整型常量　　　　　　　　B. 整型表达式

C. 整型常量或整型表达式　　D. 任何类型的表达式

（4）已知：char x []="abcd";char y []={'a', 'b', 'c', 'd'};，下面叙述正确的是（　　　）。

A. x 数组和 y 数组的元素数量相同

B. x 数组等价于 y 数组

C. x 数组的大小大于 y 数组

D. x 数组的大小小于 y 数组

（5）若输入 ab，则程序的运行结果为（　　　）。

```
void main()
{
    char a[3];
    scanf("%s",a);
    printf("%c,%c",a[1],a[2]);
}
```

A. a, b　　B. a,　　C. b,　　D. 程序出错

（6）不能将字符串 Hello 赋给字符数组 a 的语句是（　　　）。

A. char a [10]={ 'H', 'e', 'l', 'l', 'o', '\0'};

B. char a [10]; strcpy (a, "Hello");

C. char a [10]; a="Hello";

D. char a [10]="Hello";

（7）下列能正确定义一维数组的选项是（　　　）。

A. int a [5]={1, 2, 3, 4, 5, 6};

B. char a []={1, 2, 3, 4, 5};

C. char a={'1', '2', '3', '4'};

D. int a [5]="1234";

（8）有以下程序：

```
main()
{ int x[3][2]={0},i;
    for(i=0; i<3; i++)
    scanf("%d",x[i]);
    printf("%2d%2d%2d\n",x[0][0],x[0][1],x[1][0]);
}
```

若运行时输入 2 4 6<Enter>，则程序的输出结果为（　　　）。

　　A.200　B.204　C.240　D.246

（9）以下程序的输出结果为（　　）。

```
void main(){
    char a[7]="a0\0a0\0";
    int i,j;
    i=sizeof(a);
    j=strlen(a);
    printf("%d,%d",i,j);
}
```

　　A.7,2　B.2,2　C.7,6　D.6,2

（10）有以下程序：

```
void main()
{
    int  i,j,s=0,x[2][2]={{1,2},{2,3}};
    for(i=0;i<2;i++)
    for(j=0;j<=i;j++)
        s=s+x[i][j];
    printf("%d",s);
}
```

　　则程序的输出结果为（　　）。

　　A.5　B.6　C.3　D.8

二、写出下列程序的运行结果

程序 1：

```
#include <stdio.h>
void main()
{
    int a[6] = {0};
    int m;
    for( m=0;m<6;m++)
    {
        a[m] = m + 1;
        printf("%d\t",a[m]);
        if(m%3==0)
            printf("\n");
    }
}
```

程序 2：

```
#include <stdio.h>
void main()
{
    int i;
    int x[3][3]= {1,2,3,4,5,6,7,8,9};
    for(i=0;i<3;i++)
      printf("%2d",x[i][2-i]);
}
```

程序 3：

```
void main()
{
    int i ;
    int a[] = {11,22,33,44,55,66,77,88,99};
    for(i = 0 ; i <= 4 ; i ++)
        printf("%4d",a[i]+a[8-i]);
}
```

三、程序填空题

（1）下面程序以每行 4 个数据的形式输出数组 a 的元素。

```
#include <stdio.h>
#define N 20
void main()
{   int a[N],i;
    for(i=0;i<N; i++)
        scanf("%d", 【1】 );
    for(i=0; i<N;i++)
    {
        if(        【2】        )
            printf("\n");
        printf("%3d",a[i]);
    }
    printf("\n");
}
```

（2）以下程序的功能是求数组 num 中小于 0 的数据之和。

```
#include <stdio.h>
void main()
{
    int num[10]= {-3,10,20,1,-20,-90,22,90,-45,20};
    int sum,i;
    【1】
    for(i=0;i<=9;i++)
    {
        if(   【2】   )
             【3】
    }
    printf("sum=%6d",sum);
}
```

（3）下面程序是求 3 行 3 列的矩阵 A 的次对角线元素之和。

```
#include <stdio.h>
void main()
{
    int i,j,s=0,x[][3]={0,1,2,3,4,5,6,7,8};
    for(i=0;i<3;i++)
      for(j=0;   【1】        ;j++)
        if(   【2】     ==2   )
```

```
            s += x[i][j];
        printf(("%d\n"s);
}
```

（4）下面程序的功能是输出数组 s 中最大值所对应的数组元素的下标。

```
#include"stdio.h"
void main()
{
    int k,【1】    ;
    int s[]={1,9,7,2,10,3};
    for( p=0,k=p; p<6;    【2】  )
        if(s[p]>s[k])【3】;
    printf("%d\n" ,k);
}
```

四、编程题

（1）输入一个班的成绩，并写入一维数组中，求班级的最高分、平均分，并统计各分数段的人数。其中分数段有不及格（＜60）、及格（60～69）、中（70～79）、良（80～89）、优（≥90）。

（2）利用随机函数产生 10 以内的正整数，然后给一个 4 行 5 列的二维数组赋值，输出该数组对应矩阵的转置矩阵。

（3）利用随机函数产生 36 个随机正整数，然后给一个 6 行 6 列的二维数组赋值，求出所有鞍点。鞍点的满足条件是该元素是所在行最大值、所在列最小值。

（4）利用随机函数产生 25 个随机整数，然后给一个 5 行 5 列的二维数组赋值。

① 按行列输出该数组。

② 求其最外一圈元素之和。

③ 求主角线中最大元素的值，并输出其位置。

（5）从键盘输入一个字符串，统计各个英文字母出现的次数（不区分大小写）。提示：可以引入一个含 26 个元素的整型数组，利用数组元素来分别统计各字母出现次数。

（6）判断输入的字符串是否为回文（回文是指正读和逆读都一样的字符串），如果是，则输出 yes；否则输出 no。例如，hello 不是回文，madam 是回文。

（7）从键盘输入一个字符串，统计一个字符串（长度小于 80）中数字字符的个数，并求这些数字字符之数值和。例如，"123, abc450hello" 中有 6 个数字字符，其累加和为 1+2+3+4+5+0=15。

（8）从键盘输入一个字符串，将字符串中所有数字字符的前面添加一个 "$" 美元符号，输出改变后的字符串。

第 8 章　函数与编译预处理

本章知识目标：
☐ 理解函数定义、函数声明和函数调用三者之间的关系。
☐ 掌握函数定义格式，理解函数头和函数体的作用。
☐ 掌握函数的调用形式，理解参数传递的特点。
☐ 了解函数的递归调用的执行特点。
☐ 理解 C 语言的存储类型，熟悉不同存储类型变量的作用域。
☐ 了解编译预处理指令。

提高程序设计效率的关键是代码重用，函数编程是实现代码重用的重要手段。将反复要使用的一段代码的功能编写为函数，通过调用函数可以简化整个程序的代码量，同时也可以增强程序的可读性。

8.1　函数的定义与调用

一般来说，编写稍微复杂的 C 语言程序就要进行功能的划分，在逻辑上，这种功能的划分一般通过编写函数来实现。每个 C 语言程序都至少有一个函数，即主函数 main ()。

在 C 语言中编写和使用函数涉及以下 3 部分内容。
（1）函数定义：给出函数的形态和函数的具体实现。
（2）函数声明：告诉编译器函数的形态，包括函数的名称、返回类型和参数情况。
（3）函数调用：根据函数的形态特点来使用函数。

8.1.1　函数定义的形式

在 C 语言中，函数定义由一个函数头和一个函数体组成。函数头给出函数的访问形态，通俗地讲，就是函数的模样，函数体则给出函数的具体功能实现。具体定义格式如下：

```
返回值类型函数名（参数列表）
{
        函数体
}
```

📝 说明

（1）返回值类型。用于说明函数的返回结果类型。对于无返回值的函数，返回值类型通过关键字 void 进行说明。C 语言规定，如果函数没有说明返回值类型，则默认为 int 型。

（2）参数列表。列出函数的各个参数，函数的参数是可选的，无参函数的参数列表为空或者写上 void 代表无参。参数列表中要关注参数的类型、顺序、数量等信息。

（3）函数体。函数体包含一组定义函数执行任务的语句。对于有返回值的函数，在函数体中一定要有 return 语句。

return 语句的具体形式有两种：

- ● return 表达式；　　　　// 函数返回结果为表达式的值
- ● return；　　　　　　　// 用于无返回值的函数的退出

return 语句的作用是结束函数的运行，并将结果返回给调用者。return 返回的结果类型必须与函数头定义的返回值类型相匹配。

在 Visual C++ 环境下调试程序要注意，同一工程中不允许定义同名函数，自然也就不允许有两个 main () 函数。

ANSI-C 代表 C 语言的标准规范，该规范对于函数说明给出了两种格式，下面结合求两个整数的最大值的函数定义观察函数定义的具体形式。

1. 传统方式

```
int max(num1,num2)              // 参数列表只列出参数名
int num1,num2;                  // 参数类型说明单列，安排在函数头后，函数体前
{
    return num1 > num2 ? num1 : num2;
}
```

2. 现代方式

```
int max(int num1,int num2)      // 参数列表包括每个参数的类型和名称
{
    return num1 > num2 ? num1 : num2;
}
```

本书的函数定义一般采用现代方式，这样更显简洁。

【例 8-1】函数的定义与调用的简单示例

程序代码如下：

```
#include <stdio.h>
int echo(int k)                 // 函数有一个 int 型的参数，返回值类型为 int 型
{
    return k;                   // 将参数的值作为函数的返回值
}

void test(void)                 // 无参函数，无返回值
{
    printf("test:");            // 函数返回值为 void，可以无 return 语句
}
```

```
void main()                          // 函数无返回值，参数不确定
{
    int i;
    for(i=0;i<3;i++){
        test();
        printf("%d\n",echo(i));
    }
}
```

【运行结果】

```
test:0
test:1
test:2
```

📝 说明

> 该程序代码中共定义了 3 个函数，在 main () 函数中调用了 test() 函数和 echo() 函数。当然，main () 函数也调用了 C 语言函数库中的 printf () 函数。

（1）按照 C 语言的默认处理规定，echo () 函数定义也可以写成以下形式：

```
echo(int k)            // 省略了返回值类型，则默认 int 型
{
    return k;
}
```

尽管如此，但建议编写函数时还是明确标出返回值类型。

（2）test () 函数的参数表中内容为 void，代表无参数。该函数也无返回值（void），无返回值的函数在执行完函数体后自动返回到调用者。而有返回值的函数则是通过执行 return 语句返回到函数调用处并将结果带给调用者。

函数调用可以是单独的一条语句，但对于带返回结果的函数调用则经常出现在表达式中。函数定义时的参数叫作形式参数，简称形参。在函数调用时，函数名后的小括号中填实际参数，简称实参。函数调用时会把实参的值传递给形参变量。

8.1.2 函数声明

函数声明是让编译器清楚函数的模样，以便检查函数调用是否正确。函数声明安排在函数使用前，一般安排在调用函数的代码块中，或者在使用之前的某个外部位置。

1. 函数声明的形式

函数声明只涉及函数头的形态，函数声明的形式如下：

返回值类型   函数名（参数列表）；

例如，针对求两个整数最大值的函数 max ()，函数声明的形式如下：

```
int max(int num1,int num2);
```

【特别提醒】函数声明的参数列表中，参数名称并不重要，只有参数类型是必需的，因此，以下声明也有效：

```
int max(int,int);
```

2. 何时可省略函数声明

值得注意的是，C 语言中函数声明并不是必需的，以下情形不用进行函数声明。

（1）同一源程序文件中，函数定义安排在函数使用之前，可以不添加函数声明。因为编译器先前已经遇到处理了函数的定义，因此，它已经清楚函数的形态。

（2）对于返回值类型为 int 型的函数，可以不添加函数声明，这是 C 语言编译器对函数的默认假定。

如果在一个源程序文件中定义某个函数，而在另一个源程序文件中调用该函数时，则函数声明是必需的。这种情况下，还应该在调用函数的文件顶部进行函数声明。

【例 8-2】函数声明举例

在以下程序中，函数调用安排在函数定义前，所以，在调用函数前必须进行函数声明。

程序代码如下：

```
#include <stdio.h>
void main()
{
    int i,echo();             // echo() 函数声明
    void test(void);          // test() 函数声明
    for(i=3;i<5;i++)
    {
        test();               // test() 函数调用
        printf("%d\n",echo(i)); // 输出 echo() 函数调用结果
    }
}

void test(void)               // test() 函数定义
{
    printf("test:");
}

int echo(int k)               // echo() 函数定义
{
    return k;
}
```

【运行结果】

```
test:3
test:4
```

3. 谨慎对待函数声明的灵活性

由于 C 语言存在两种格式书写定义函数的自由，C 语言代码编译时不会检查函数声明与函数定义之间参数形态是否完全一致。

上面程序中，echo () 函数声明没有给出参数，实际的函数有一个整型参数，然而编译将不会检查这样的问题。实际上，换成以下几种声明形态同样也可以通过编译。

```
echo(void)
echo(int)
echo(int x)
```

以下是函数声明要注意的问题。

（1）如果函数声明中给出了参数，则参数个数和类型要与函数定义时所规定的尽量一致。如果参数个数不匹配，则编译会报错。

（2）如果函数声明和函数定义参数类型不一致，将导致函数调用时参数信息传递失败。如果将函数声明改成 echo (double)，可以发现函数调用时参数不能正确传递。

因此，建议函数声明的形态与函数定义的函数头的形态最好完全一致。

8.1.3 函数调用

函数的使用是通过函数调用实现的。如果没有函数调用，则定义的函数只是个摆设，它不会自动执行。同一个函数可以被多次调用。

1. 函数调用的一般形式

函数调用的一般形式如下：

```
函数名 ([ 实际参数列表 ]);
```

其中，实际参数列表中填写实参，实参的数据类型与相应形参一般要一致。实参可以是常数、变量或表达式。

2. 函数调用的执行过程

函数调用的执行过程：首先，将实参的值传递给形参；其次，执行函数体，遇到返回语句或函数执行完毕，程序控制权再交还给函数调用者，继续执行函数调用之后的语句。函数的返回值作为函数调用的结果值。

【例 8-3】通过函数调用获取两个整数中的最小值

程序代码如下：

```
#include <stdio.h>
void main()
{
    /* min() 函数声明 */
    int min(int,int);
    /* 定义局部变量 */
    int res,x = 15;
```

```
/*  调用函数来获取两个整数中的最小值  */
res = min(x,16);  // 第 1 个实参为整型变量，第 2 个实参为整型常数
printf("result= %d\n",res);
}

/* min() 函数定义，获取两个整数中的最小值 */
int min(int x,int y)
{
    return x > y ? y : x;
}
```

【运行结果】

```
result=15
```

　　如果调用函数时传递的参数不是形参要求的类型，则参数传递时将发生数据的赋值转换。例如，调用 min () 函数时，第 1 个实参如果为实型数据，那么会将实数值转换为整型再给形参赋值，类似于赋值语句的赋值转换，所以，min (3.8, 20) 的运行结果为 3。

【深度思考】

　　（1）如果要获取 x、y、z 三个整型变量的最小值，可以采用两次调用 min () 函数的办法，最简单的书写形式是 min (x, min (y, z))。这里出现了函数的嵌套调用。

　　（2）实际上，在 stdlib.h 头文件中已经定义了 min () 函数和 max () 函数，可以直接调用。在 stdlib.h 头文件中定义的 min () 函数的参数是 double 型，因此，实参为实型和整型均可适用。如果程序中包含了 stdlib.h 头文件，那么再定义上面的 min () 函数，则编译将指示错误，因为 C 语言不允许在一个程序中出现两个同名函数。

8.1.4　函数应用典型示例

【例 8-4】从计算阶乘到求组合

编写计算阶乘的函数，并利用计算阶乘的函数实现一个计算组合的函数。

从 n 个元素中取 m 个的组合计算公式为 $c(n, m) = n! / ((n-m)! * m!)$。

再利用组合函数输出以下杨辉三角形。

```
c(0,0)
c(1,0)  c(1,1)
c(2,0)  c(2,1)  c(2,2)
c(3,0)  c(3,1)  c(3,2)  c(3,3)
```

【分析】首先要设计一个计算阶乘的函数，这个函数的参数是一个整数，函数的结果就是这个整数的阶乘，在函数体内要根据参数 n 完成 $n!$ 的计算。有了计算阶乘的函数，可以通过函数调用实现组合函数的编写程序。

【特别提醒】编写函数时在函数体内一般不安排输入和输出代码，除非有特别需求，函数需要的数据一般由参数提供，而结果会通过 return 语句返回给调用者。

程序代码如下：

```
#include <stdio.h>
/* 以下函数求 n! */
long fac(int n)
{
    long res = 1;                              // 用来存放结果
    int k;
    for(k = .2; k <= n; k++)
        res = res * k;                        // 累乘
    return res;
}

/* 以下函数求从 n 个元素中取 m 个的组合 */
long com(int n,int m)
{
    return fac(n)/(fac(n - m)* fac(m));        // 调用 fac() 函数
}

void main()
{
    int n,m;
    for(n = 0; n <= 3; n++)
    {
        for(m = 0; m <= n; m++)
            printf("%6d",com(n,m));            // 调用 com() 函数
        printf("\n");
    }
}
```

【运行结果】

```
1
1 1
1 2 1
1 3 3 1
```

📖 说明

计算组合的 com () 函数的函数体中只有一条 return 语句，其中 3 次调用了计算阶乘的 fac () 函数，充分体现了函数的使用价值，通过函数让问题简化，程序结构也清晰。试想如果没有计算阶乘的函数，要完成计算组合函数有多困难！

【深度思考】函数的定义是平行的，函数之间没有从属关系，但是，一个函数在被调用的过程中还可以调用其他函数，这就是函数的嵌套调用。本例中，main () 函数中调用 com () 函数，com () 函数又调用 fac () 函数，如图 8-1 所示。

【例 8-5】利用判素数函数验证哥德巴赫猜想

　　定义一个函数来判断一个整数是否为素数，返回 1 代表是素数，返回 0 代表不是素数。利用该函数验证哥德巴赫猜想：任意一个不小于 3 的偶数可以拆成两素数之和，将验证范围缩小到4～100。

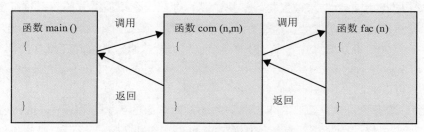

图 8-1　函数的嵌套调用示意图

　　【分析】首先，要定义一个函数来判断某个整数 *n* 是否为素数，按照素数的定义，素数是除 1和自身外，不能被其他数整除。可以采用反向思维，如果 2～*n*-1 的数有一个能整除 *n*，则可以断定 n 不是素数，这可以采用循环进行测试，循环结束时，只要没有出现整除的情况，则可以断定 *n*是素数。数学上不难证明，循环的终点可以缩小到 *n* 的平方根值。要验证哥德巴赫猜想，每个偶数是否能拆分成两个素数之和，也可以组织循环寻找答案。每个偶数 *n* 的拆法用循环去试，将 *n* 拆分成 *i* 和 *n*-*i*，要求 *i* 和 *n*-*i* 均为素数。内循环的控制变量 *i* 的取值范围是 2～*n*/2。而外循环的控制变量就是 *n*，其取值范围是 4～100。

　　程序代码如下：

```
#include <stdio.h>
#include <math.h>
/* 以下函数判断 n 是否为素数，是素数则返回结果为 1；否则返回结果为 0 */
int  isPrime(int n)
{
    int k;
    if(n==0 || n==1)return 0;      // 0，1 不是素数
    for(k=2; k <= sqrt(n); k++)
    if(n % k == 0)
         return 0;                 // 只要遇到一个能整除即可断定不是素数
     return 1;                     // 循环结束，说明没有数能整除 n，那么 n 为素数
}

void main()
{
    int n,i;
    for(n=4; n<=100; n=n+2)
      for(i=2;i <= n/2; i++)
       if(isPrime(i)&& isPrime(n-i))
            printf("%d = %d + %d\n",n,i,n-i);
}
```

✎ 说明

例 8-5 是针对 4～100 的每个偶数给出其分拆成两个素数之和的拆分结果。

【思考】如果不输出拆分结果，仅是设法找出是否存在一个不能拆分的反例进行证明，则可以引入一个标记变量标记这些偶数是否都能拆分成两个素数。在内循环前先假定其为 0，在内循环如果找到一个拆分结果则将其值设置为 1。内循环结束后进行检查，如果存在这样的偶数 n，其标记变量值为 0，则表示有不能拆分的偶数，输出"哥德巴赫猜想不成立"，并通过 exit 结束程序运行。在外循环结束后可以输出"哥德巴赫猜想成立"的信息。

【一题多解】读者也许注意到，例 8-5 的程序中判断素数的函数存在多条 return 语句，或者说有多点返回，如果要修改为只有单点返回的程序，可以通过引入一个标记变量的办法。如果是素数，让标记变量 f 的值为 1；否则让 f 值为 0，最后，返回 f 的值作为函数结果。

程序代码如下：

```
int   isPrime(int n)
{
    int k,f=1;                    // 将标记变量初值置 1
    if(n==0 || n==1)f=0;          // 0，1 不是素数，将标记变量置 0
    for(k=2; k <= sqrt(n); k++)
        if(n % k == 0)
        {
            f = 0;                // 只要遇到一个数能整除 n，将标记变量置 0
            break;
        }
    return f;                     // 返回 f 的结果作为函数值
}
```

在定义标记变量 f 时给其赋初值 1，即先假定 n 是素数，后面再来看是否能否定它。首先当 n 为 0 和 1 时，不是素数，f 置为 0，且此时循环不会执行，这样，f 将一直保持为 0 的值。当 n 为其他数要执行循环，在循环内发现有一个整数 k 能整除 n 时，将标记变量置为 0，并通过 break 语句退出循环。整个函数只有最后的一条 return 语句。

【例 8-6】基于菜单的简单算术测试

实现一个简易的菜单应用，在菜单项 1～3 中列出一位数的某个运算测试功能，菜单项 4 表示退出应用，共设置 10 道题让用户测试，测试完毕报告得分。

程序代码如下：

```
#include <stdio.h>
#include <conio.h>
#include <stdlib.h>
#include <time.h>
/* 函数 menu() 专用于显示操作菜单并获取用户的操作选择 */
int menu()
{
    int c;
```

```
    do
    {
        system("cls");
        printf("\t\t****** 欢迎进入菜单 ********\n");
        printf("\t\t|————1.加法测试————|\n");
        printf("\t\t|------2.减法测试 --------|\n");
        printf("\t\t|------3.乘法测试 --------|\n");
        printf("\t\t|————4.退出应用————|\n");
        printf("\t\t 请选择您要进行的功能（1-4）\n");
        c = getch()-'0';
    } while(c<1 || c>4);                              // 确保获取 1～4 的选择
    return c;
}

void main()                                          // 主函数
{
    int x,y,z,choice;
    srand(time(NULL));
    while((choice = menu())!=4)                       // 菜单控制应用结束
    {
        int score=0;
        int count=0;
        while(count++ < 10)                           // 做 10 道题
        {   x = rand()%10;
            y = rand()%10;
            switch(choice)
            {
            case 1: printf("%d+%d=",x,y);
                    scanf("%d",&z);
                    if(x + y == z)score=score+1;
                    break;
            case 2: printf("%d-%d=",x,y);
                    scanf("%d",&z);
                    if(x - y == z)score=score+1;
                    break;
            case 3: printf("%d*%d=",x,y);
                    scanf("%d",&z);
                    if(x * y == z)score=score+1;
                    break;
            }
        }
        printf("\t\t 得分 :%d！ \n 按任意键继续 \n",score);  // 答完 10 道题的报分
        getch();
    }
}
```

程序的运行结果如图 8-2 所示。用户输入菜单选项 1 后进入加法测试。

✐ 说明

> 函数 menu () 用来显示菜单，获取用户操作选择。用函数 getch () 获取用户输入，其好处是无须按 Enter 键就可以获取输入字符，操作快捷。使用函数 getch () 获取的是字符，要设法转化为数字值，程序中用了个技巧，将输入字符减零字符（ '0' ）即可实现。为保证用户选择的必须是 1～4 的值，通过 do…while 循环的条件来限制，正确的按键选择才能结束菜单操作。

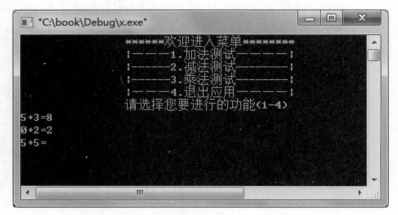

图 8-2　通过菜单选择进入测试界面

8.2　函数调用的参数传递

8.2.1　函数调用时参数类型匹配

形参在函数内的使用与普通局部变量一样。函数调用时，会为形参分配存储空间，然后用对应实参数据初始化这些形参。由于 C 语言在数据类型赋值转换上的灵活性，在实际使用中，存在形参和实参因类型不匹配而出现一系列问题。

具体使用要注意以下情形。

（1）如果函数定义的形参类型和相应实参的类型完全一致，这种情形称为精确匹配，则参数传递会将实参的内容赋值给形参。

（2）如果函数定义的形参类型和相应实参的类型不一致，但编译没问题，则是否按转换匹配传递数据，取决于函数声明的情况。

1）有函数声明，则看函数声明与函数定义的参数形态是否一致，如果一致，则会将实参数据转换为形参类型后再给形参赋值。否则，参数传递会失败，函数调用时将给形参赋相应数据类型的默认值。

2）无函数声明，则按函数定义的参数要求，将实参数据转换为形参类型进行赋值。

基于上述原因，建议书写函数声明时最好与函数定义的参数形态完全相同。

【例 8-7】函数声明与函数定义的参数形态验证

程序代码如下：

```
#include <stdio.h>
void f(int x,double y)    //f() 函数定义
{
    x++;
    printf("x=%d,y=%lf",x,y);
}

void main()
{
    void f(int,int);       // f() 函数声明
    f(5,5);                // 调用 f() 函数
}
```

【运行结果】

```
x=6,y=0.0000000
```

📓 **说明**

由于函数定义在先，使用在后，本可以不用对 f() 函数进行声明。现在的问题是 f() 函数声明中的第 2 个参数与函数定义的参数类型不一致，从而导致函数调用时第 2 个参数的参数值传递失败，形参 y 没有得到实参的值，而是被赋默认值 0。

若将 f() 函数声明行注释掉，则函数调用时会将实参的值 5 转换为 5.0 再给形参 y 赋值，相应的执行结果将变成以下输出：

```
x=6,y=5.0000000
```

8.2.2 将数组作为函数参数

1. 形参为一维数组

实际应用中经常将数组作为参数，形参为一维数组的声明形式有以下两种。

```
形式 1：类型    名称 []        // 数组表示形式
形式 2：类型    * 名称         // 指针表示形式
```

这两种形式是等同的，第 2 种形式是指针表示形式，指针内容将在第 9 章介绍。

当形参为数组时，相应的实参要是一个实际数组，实参只要写数组名即可。当然，实参数组的类型要与形参一致。

在 C 语言函数中数组的大小不方便直接从参数数组本身得到。可能读者会想到通过 sizeof 运

算符得到数组的存储大小，然后除以数组元素类型的大小可以计算得到元素数量，这个方法是否可行，可以通过下面程序验证一下。

```c
void outputsize(int x[])
{
    printf("%d\n",sizeof(x));    // 输出结果 4
}
void main()
{
    int a[] = {4,5,6,7,8,9};
    printf("%d\n",sizeof(a));    // 输出结果 24
    outputsize(a);
}
```

◄») **注意**

可以看出，从形参数组不能得出数组大小，形参单元实际存储的是数组引用地址，大小固定为 4 个字节。因此，用数组作为参数时经常需要用另一个参数传递数组大小的信息。

实际上，数组处理的很多问题可以编写成函数，然后，通过函数调用去使用。以下列举其中一些典型问题。

问题 1：按每行 n 个元素的输出形式输出一维整型数组。

函数含 3 个参数，分别为数组大小、数组和每行输出元素个数。

```c
void output(int size,int x[],int n)    // 输出数组，每行 n 个数据
{
    int k;
    for(k=0;k<size;k++)
    {
        printf("%d\t",x[k]);
        if((k+1)%n==0)
        printf("\n");
    }
}
```

如果按每行 5 个元素的输出形式输出含有 20 个元素的整型数组 a，则可以通过函数调用 output (20, a, 5) 即可。

问题 2：求一维数组所有元素的平均值。

函数的两个参数分别为数组大小和数组，返回结果为求得的平均值。

```c
double average(int size,double x[])    // 求 x 数组的所有元素的平均值
{
    double sum = 0;
    int k;
    for(k=0;k<size;k++)
        sum += x[k];
```

```
    return sum/size;
}
```

问题 3：求一维数组所有元素中的最大值。

函数的两个参数分别为数组大小和数组，返回结果为所有元素中的最大值。

```
double maxElement(int size,double x[])
{
    double xm = x[0];
    int k;
    for(k=1;k<size;k++)
        if(xm<x[k])  xm = x[k];
    return xm;
}
```

问题 4：查找某个整数在一维整型数组中首次出现的位置。

函数含 3 个参数，返回结果为数据在数组中的位置信息。由于数据在数组中可能不出现，这时可以设计一个特别值（如 -1）来标识这种情形。

```
int search(int size,int x[],int s)          // 在 x 数组中找数据 s 的首次出现位置
{
    int k;
    for(k=0;k<size;k++)
        if(s == x[k])                       // 找到，则返回位置 k
            return k;
    return -1;                              // 没找到，则返回 -1
}
```

问题 5：统计某个整数在一维整型数组中的出现次数。

函数的 3 个参数分别为数组大小、数组和要查的整数，函数返回为统计结果。

```
int appearTimes(int size,int x[],int s)     // 在 x 数组中找数据 s 的出现次数
{
    int count = 0;
    int k;
    for(k=0;k<size;k++)
        if(s == x[k])                       // 找到，则计数值增 1
            count++;
    return count;
}
```

问题 6：统计某个字符串中数字字符的出现次数。

C 语言中字符串用字符数组表示，正常情况下，字符串的末尾字符为 '\0'，可以根据这个特征来组织循环。

```
int digits(char x[])
{
```

```
    int k=0,count = 0;
    while(x[k]!='\0')
    {
        if(x[k]>='0' && x[k]<='9')
                count++;
        k++;
    }
    return count;
}
```

2. 形参为二维数组

如果函数的形参为二维数组，那么参数声明中必须指明数组的列数，数组的行数可以指定也可以不指定。

【例 8-8】 编写函数获取一个 double 型二维数组中的最大元素值

程序代码如下：

```
#include <stdio.h>

                                            // 参数：行数、列数、二维数组
                                            // 返回值：最大元素的值
double maximum(int nrows,int ncols,double matrix[][3])
{
    int r,c;
    double max = matrix[0][0];
    for(r = 0; r<nrows; ++r)
      for(c = 0; c<ncols; ++c)
          if(max<matrix[r][c])
              max = matrix[r][c];
    return max;
}

void main()
{
    double x[2][3] = {{8,2,3},{4,9,5} };
    printf(" 最大元素值 =%lf\n",maximum(2,3,x));
}
```

【运行结果】

最大元素值 =9.000000

说明

由于二维数组形参要求必须给定列数，这样影响了函数的通用性设计。编写函数时要清楚实际数组的第二维大小，如果实际数组第二维大小和形参数组的第二维大小不匹配，则程序运行将出现错误的结果。

8.2.3　函数调用对参数的影响

在函数调用过程中，形参的生命周期是进入函数时被创建，退出函数时被销毁。C 语言在调用函数时，根据参数类型存在两种传递参数的方式。

（1）传值调用：把实参的值复制给函数的形参。在这种情况下，修改函数内形参的值不会影响实参。基本类型变量的参数就属于这种情形。

（2）传地址调用：即通过传递变量地址方式传递参数，形参和实参所代表的是同一个数据对象。用数组和指针作为参数就是属于这种情形。函数内对形参的数据内容的修改会影响实参。

【思考】C 语言实质上只有一种参数传递方式，那就是传值。所谓的传地址，是指实参单元中存放的数据值是一个地址，它把这个地址值传递给形参单元。参数传递核心是理解参数所占用的存储单元中存放的到底是什么内容？参数传递就是把实参单元的内容复制给形参单元。

【例 8-9】演示参数的传递

程序代码如下：

```c
#include <stdio.h>
void paraPass(int x,int y[])      // 两个参数分别为基本类型和数组
{
    x = x + 1;
    y[1] = y[1] + 1;
    printf("x= %d\n",x);
}

void main()
{
    int k,m = 5;
    int a[] = { 1,4,6,3 };
    paraPass(m,a);
    printf("m = %d\n",m);
    for(k = 0; k < 4; k++)
        printf("%d\t",a[k]);
}
```

【运行结果】

```
x = 6
m = 5
1    5    6    3
```

📝 **说明**

> paraPass () 函数有两个参数，参数 x 是基本类型，参数 y 为一维数组，也就是引用类型。函数调用时，两个实参分别为整型变量 m 和整型数组 a。

（1）实参 m 的值传递给形参 x 分配的单元中。这样 x 的值为 5。在 paraPass () 函数内将 x 值增

加 1，输出 x 的结果为 6，函数 paraPass () 执行结束后，返回 main () 函数中，输出 m 的值是 5。传值调用示意图如图 8-3 所示。

（2）实参 a 存储的是数组的引用地址，参数传递时是将实参数组 a 的首地址传递给形参 y。传地址调用示意图如图 8-4 所示。也就是说，形参 y 和实参 a 代表同一数组。所以，当函数内将 y [1] 加上 1 变为 5 后，a [1] 也为 5。

编写一个函数实现两个变量值的交换是一个很常见的想法，但以下 swap () 函数不能达到通过函数调用交换两个实参变量内容的目的。

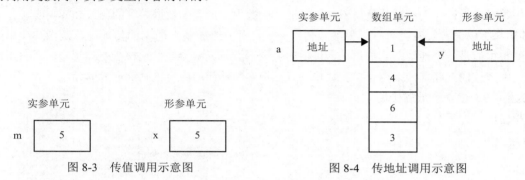

图 8-3　传值调用示意图　　　　图 8-4　传地址调用示意图

程序代码如下：

```c
#include <stdio.h>
void swap(int x,int y)              // 定义 swap () 函数
{
    int t = x;                      // 交换 x，y 变量的值
    x = y;
    y = t;
}

void main()
{
    int a = 100,b = 200;
    swap(a,b);                      // 调用 swap () 函数
    printf("a=%d,b=%d\n",a,b);
}
```

【运行结果】

```
a=100,b=200
```

可以看出，调用 swap () 函数后，a 和 b 的值没有发生变化。要实现这样的目标，必须采用传地址调用的方式，使用第 9 章将介绍的指针可以实现该目标。

【例 8-10】用冒泡排序法实现对整型数组元素的排序

冒泡排序法的基本思想：每趟比较从第 1 个元素开始，元素之间相邻两个元素两两比较，大的放到后面，每趟比较下来，会有一个相对大的值冒泡到数组后面对应位置。

程序代码如下：

```c
#include <stdio.h>
void sort(int x[],int n)
{
    int i,j;
    for(i=0;i<n-1;i++)
        for(j=0;j<n-i-1;j++)
            if(x[j]>x[j+1])
            {
                int t = x[j];
                x[j]=x[j+1];
                x[j+1]=t;
            }
}

void main()
{
    int k,a[] = {4,3,6,8,2,5};
    sort(a,6);
    for(k=0;k<6;k++)
        printf("%d\t",a[k]);
}
```

【运行结果】

2	3	4	5	6	8

📑 说明

调用 sort () 函数后，作为实参的数组 a 中所有元素按由小到大进行排列。循环控制变量为 i 的外循环是控制趟数的，共 n-1 趟。内循环是控制每趟要比较的元素个数，内循环控制变量的终点是 n-i-1。对临界值的设置在程序设计中要特别注意。例如，循环变量 j 的终值这里如果写 n-1，结果也能正确，但是它将影响程序的效率，因为后面的元素已经排好序，再进行比较完全是多余的。

8.3　变量的存储类型与作用域

8.3.1　变量定义的位置与存储分配

变量要遵从"先定义，后使用"的原则。当变量被定义后，它就有一系列确定的性质，如所占存储单元数、数据的存储形式、数据的取值范围等。除此之外，变量还有一些其他重要的属性。例如，变量在程序运行中何时有效，何时失效；变量在内存中何时存在，何时被释放等。这些属性均和变量的作用域和生命周期有关。

C 语言中，定义变量的位置有以下几个。

（1）在函数或语句块内定义的局部变量。

（2）在函数的形参表中定义的参数。

（3）在函数外部定义的全局变量。

C 语言中对变量的说明包括两方面的内容：变量类型和变量的存储类型。含存储类型的变量定义格式如下：

> ［存储类型］　变量类型　变量 1　［，变量 2,...］；

其中，变量类型决定变量所占用的内存空间的大小。存储类型影响变量的生命周期。存储类型有自动类型、寄存器类型、静态类型和外部类型。

变量的作用域是指程序中定义的变量起作用的区域，超过该区域，变量就不能被访问。即变量在此作用域内"可见"，这种性质又称为变量的可见性。

变量定义的位置决定变量的作用域，不同位置定义的变量，其作用域不一样。按作用域角度划分，变量可以分为局部变量和全局变量。同一作用域的变量不能同名，不同作用域的变量则可以同名。例如，函数的形参和函数内定义的局部变量，具有相同的作用域，因此，它们不允许同名。但语句块中定义的局部变量与函数内的其他局部变量可以同名。

变量的生命周期是指变量存在时间的长短，即从变量开始分配内存一直到所分配的内存被释放的那段时间。按变量的生命周期划分，变量可以分为静态存储变量和动态存储变量。

内存中供用户使用的存储空间分为程序代码区与数据区两个部分。程序代码存放在程序代码区，变量分配的单元在数据区，数据区又可以分为静态存储区与动态存储区。整个存储空间分配如图 8-5 所示。

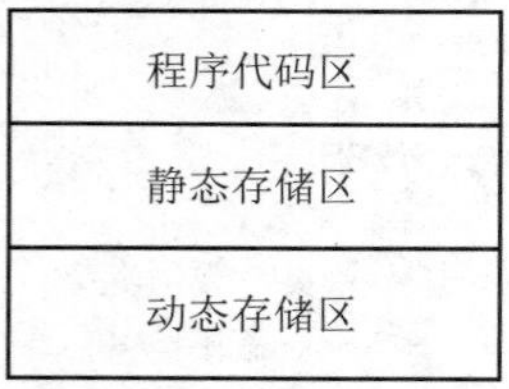

（1）静态存储是在程序装载运行时给变量分配固定的存储空间，程序运行结束时存储空间才被释放，如全局变量与 static 变量。

（2）动态存储是指在程序运行时给变量动态分配存储空间的方式。函数调用采用的是动态存储分配，每次调用函数，要给函数内定义的局部变量和形参分配动态存储空间，函数执行完毕后释放所占用的存储空间。动态存储区域实际是一个被称为堆栈的空间。

| 程序代码区 |
| 静态存储区 |
| 动态存储区 |

图 8-5　整个存储空间分配

【例 8-11】在不同位置定义的变量的有效范围

程序代码如下：

```
#include <stdio.h>
int x = 1;                          // 全局变量，在整个文件内有效

int f(int k)                        // k 为函数参数，仅在函数内有效
{
    return x + k;
}

void main()
{
```

```
    int k;                            // 局部变量 k 和 a，在 main() 函数内有效
    int a = 100;
    for(k=1;k<10;k++)
    {
        int a = 200;                  // 语句块中的局部变量 a，只在该语句块内有效
        printf("f = %d,a2 = %d \n",f(k),a++);
    }
    printf("a= %d,x= %d \n",a,x);     // 输出 a 和 x
}
```

【运行结果】

```
f = 2,a2 = 200
f = 3,a2 = 200
a = 100,x= 1
```

8.3.2 局部变量与 auto 存储类

局部变量也称为内部变量，默认是带 auto 修饰符的自动变量，auto 修饰符一般不用另行添加。自动变量的作用域仅局限于定义该变量的代码块内。在函数中定义的自动变量，只在该函数内有效；在复合语句中定义的自动变量，只在该复合语句中有效。

📢 注意

局部变量被定义时，系统不会对其初始化。

对于没有初始化的局部变量，访问时得到的是没有意义的随机值。正确地初始化变量是一个良好的编程习惯，否则程序可能会产生意想不到的运行结果。

【例 8-12】演示局部变量的作用域

变量 a、b 是 main() 函数内定义的局部变量。它们只能在 main() 函数内访问。

程序代码如下：

```
#include <stdio.h>
void main()
{
    void f();
    /* 局部变量声明 */
    int a = 2;              // 未添加 auto 修饰符      局部变量 a、b
    auto int b;             // 添加了 auto 修饰符      的作用域为
    b = a + 1;                                       函数内部
    printf("a = %d,b = %d \n",a,b);
    f();
}

void f()
{
```

```
    a++;
}
```

✎ **说明**

在 f() 函数内访问变量 a，编译将显示以下错误，指示"标识符 a 没定义"。
```
error C2065:'a':undeclared identifier
```

8.3.3　全局变量与 extern 修饰符

1. 全局变量

全局变量也称为外部变量，是在函数外部定义的变量。它不属于任何一个函数，它属于整个源程序文件，其作用域是整个源程序。

📢 **注意**

定义全局变量时，系统会自动对其初始化，默认初值为 0。

【例 8-13】 全局变量的作用域

程序代码如下：

```
#include <stdio.h>
/* 全局变量声明 */
int a = 100;

void f()
{
    a++;
}

void main()
{
    /* 局部变量声明 */
    int b;
    a = 10;
    b = a + 1;
    f();
    printf("value of a = %d,b = %d\n",a,b);
}
```

全局变量 a 的作用域是整个程序

【运行结果】

```
value of a = 11,b = 11
```

如果在 main () 函数内声明一个 int 型的局部变量 a 并赋值 10，则在 main () 函数中，全局变量 a 将被隐藏。修改后的 main () 函数的代码如下：

```
int b;
int a = 10;    // 定义局部变量 a
...
```

相应的程序运行结果为

```
value of a = 10,b = 11
```

【例 8-14】人机对拿火柴游戏

利用随机函数产生 20～50 根火柴，由人与计算机轮流拿，每次拿的数量不超过 3 根，拿到最后一根为胜者。

【分析】人拿火柴的数量由人通过输入决定，每次拿的数量不超过 3 根，如果出现不合法的输入数据，可以让用户重新输入。而计算机拿火柴则要考虑先选择能赢的拿法，如果处于不利情形，则采取随机拿法。也许读者会注意到当剩余火柴为 4 的倍数时，谁拿就对谁不利。因此，计算机的拿法就是先考虑自己拿完后使剩余火柴为 4 的倍数，那么拿的数量只要将火柴数除 4 取余即可，但当该结果为 0 时则只好随机拿。

以下程序中将人和计算机拿火柴的具体处理分别用函数实现，这样代码更清晰，也有利于代码复用。在主函数中算法的操作步骤描述如下。

（1）随机产生火柴总数量 amount。

（2）随机决定谁先拿，也就是决定 whoturn 的初值。

（3）如果计算机先拿，则调用 computerTake () 函数。

（4）如果剩余火柴数量大于 0，则循环执行步骤（4）～步骤（6）。

（5）调用 manTake () 函数，进行人拿火柴处理。

（6）如果剩余火柴大于 0，则调用 computerTake () 函数。

（7）根据代表当前玩家标识的变量 whoturn 的值决定谁胜。

其中，computerTake () 和 manTake () 两个函数调用均会改变 whoturn 的值。算法的结构流程图如图 8-6 所示。

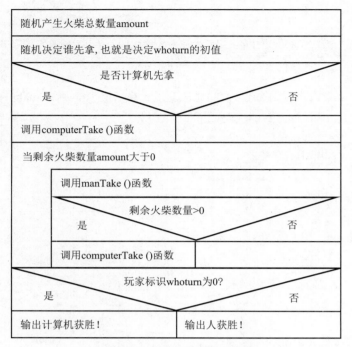

图 8-6　算法的结构流程图

程序代码如下：

```c
#include <stdio.h>
#include <conio.h>
#include <stdlib.h>
#include <time.h>
int amount;                              // 全局变量，火柴数量
int whoturn = 0;                         // 轮到谁拿，0—计算机，1—人

/* 轮到人拿火柴时调用 */
void manTake()
{
    int y;
    printf(" 输入你拿的数量：");
    do
    {
    scanf("%d",&y);
    if(y > 3 || y < 1 || y>amount)
        printf(" 注意：你限拿火柴数量内 1 到 3 根，重输 ");
    else
    {
      amount -= y;
      break;
    }
```

```
    } while(1);                              // 通过循环控制人要遵守拿火柴的规则
    whoturn = 0;
}

/* 轮到计算机拿时调用 */
void computerTake()
{
    int x;
    /* 计算机拿火柴的策略就是尽量让自身处于有利位置 */
    if(amount % 4 == 0)
        x = min(1 + rand()%3,amount);       // 随机拿
                                            // min() 函数是 stdlib.h 头文件中求两个数最小值的函数
    else
        x = amount % 4;                     // 拿 4 的余数
    printf("计算机拿%d\n " ,x);
    amount = amount - x;
    whoturn = 1;
}

void main()
{
    srand(time(NULL));
    amount = 20 + rand()%31;
    printf("总火柴数量：%d\n" ,amount);
    printf("按任意键决定谁先拿..\n");
    getch();
    if(rand()%2==0)
    {
        printf("计算机先拿 \n");
        computerTake();
    }
    else
    {
        printf("人先拿 \n");
    }
    while(amount>0)
    {
        printf("剩余火柴数量：%d \n",amount);
        manTake();
        if(amount>0)
            computerTake();
    }
    if(whoturn ==1)
        printf("you win !\n ");
    else
        printf("Computer win !\n");
}
```

程序的运行结果如图 8-7 所示。

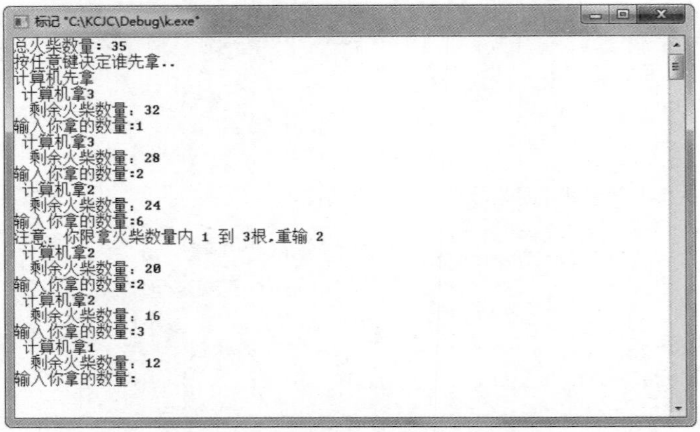

图 8-7　程序的运行结果

📝 **说明**

> 在该程序中共有 3 个函数，充分展现了函数给程序的逻辑组织和代码优化带来的好处。同时，该程序还演示了全局变量的使用，程序中将代表火柴数量的 amount 和代表轮到谁拿的标记变量 whoturn 均定义为全局变量，它们在各函数中均可共享访问。

从此例可以看出，使用全局变量有助于简化应用，否则，函数之间要传递火柴数量将带来编程的复杂性。但也要注意，全局变量使函数的执行依赖于外部变量，在一定程度上也会影响程序的通用性和清晰性。模块化程序设计要求各模块的关联性要小，设计函数应尽可能是封闭的，尽量通过参数与外界发生联系。因此，要有限制性地使用全局变量。

【思考】人机对弈等游戏设计实际上就是要在编程中替计算机去思考如何面对各种情形，根据游戏规则，让计算机能找到取胜的办法，从而体现计算机的智慧。所以，算法的选择和设计是计算机编程中需要程序员认真思考和细心设计，并进行测试验证。读者可以针对主函数的算法描述画出结构流程图的表示形式。

2. 何时使用 extern 修饰符声明变量

下面的程序中，全局变量 a 在 main () 函数的后面进行声明，在 main () 函数中将不能直接引用 a 这个变量，但在 f () 函数中访问全局变量 a 是可以的，f () 函数定义在全局变量 a 的定义之后。

```
#include <stdio.h>
void main()
{
    extern int a;        // 声明外部变量
    void f();            //f() 函数声明
    int b;
    a = 10;
```

```
    b = a + 1;
    f();
    printf("value of a = %d,b = %d\n",a,b);
}

/* 全局变量声明 */
int a = 100;
void f()
{
    a++;
}
```

上面的代码在编译时会指示变量 a 没有定义，因为 a 是全局变量，但其定义位置在 main () 函数后。如果不想改变全局变量 a 的声明位置，并且想在 main () 函数中直接使用变量 a，可以在 main () 函数中使用 extern 这个关键字对变量 a 进行声明，如下所示。

```
extern int a;              // 声明外部变量
```

其中，extern 关键字告诉编译器 a 这个变量已存在，让其到其他地方再找找。

📢 注意

extern 修饰符只是用来声明变量，不能用来定义变量，当然也不能给变量初始化，它不产生新的变量，只是宣布该变量在其他地方已有定义。

3. 用 extern 修饰符定义外部函数

extern 修饰符还可以用于在多个程序文件之间共享全局变量或函数。当一个程序有多个文件，而且定义了一个可以在其他文件中使用的全局变量或函数时，可以在其他文件中使用 extern 修饰符得到已定义的全局变量或函数的引用，也称作外部函数。这是 extern 修饰符使用最多的情形。

【例 8-15】两个文件共享相同的全局变量或函数

在同一个工程中有两个文件，文件名分别为 x.c 和 y.c。要在两个文件中访问对方定义的全局变量和函数，需要借助 extern 修饰符进行声明。

第 1 个文件（文件名为 x.c）

```
int count;
extern void write();       // 外部函数
void main()
{
    count = 5;
    write();
}
```

第 2 个文件（文件名为 y.c）

```
#include <stdio.h>
extern int count;          // 外部全局变量
```

```
void write()
{
    printf("count is %d\n",count);
}
```

✏ 说明

第 2 个文件 y.c 中用 extern 修饰符声明 count 为外部全局变量，该变量实际在第 1 个文件 x.c 中定义。第 1 个文件中用 extern 修饰符声明函数 write () 为外部函数。

8.3.4　静态变量与 static 修饰符

静态变量包括静态局部变量和静态全局变量。

1. 用 static 修饰符定义静态局部变量

在局部变量的说明前再加上 static 修饰符就构成静态局部变量。static 存储类指示编译器在程序的生命周期内保持局部变量的存在，而不需要每次在它进入和离开作用域时进行创建与销毁。因此，使用 static 修饰静态局部变量可以在函数调用之间保持变量值。

static 类型局部变量与 auto 类型（普通）局部变量有以下 3 点不同。

（1）存储空间分配不同：auto 类型局部变量分配在栈上，占动态存储区空间，函数调用结束后自动释放；而 static 类型局部变量分配在静态存储区，在程序整个运行期间都不释放。两者之间的作用域相同，但生命周期不同。

（2）变量的初值不同：static 类型局部变量编译期会自动赋初值 0 或空字符，而 auto 类型局部变量的初值是不确定的。

（3）初始化方式不同：static 类型局部变量在所处模块初次运行时进行初始化，且只操作一次。static 类型局部变量具有"记忆性"与生命周期的"全局性"的特点。在多次函数调用时，能保持前一次调用退出时的值。

【例 8-16】用 static 修饰符定义局部变量

程序代码如下：

```
#include <stdio.h>
int m = 100;
void main()
{
    void f();
    int i;
    for(i=0;i<3;i++)
        f();
}

void f()
```

```
{
    static int k = 1011;              // 给随机序列初值
    k = k * 3999 % 2011;
    printf("k=%d,m=%d\n",k,m++);
}
```

【运行结果】

```
k=879,m=100
k=1904,m=101
k=450,m=102
```

说明

> 由于 static 修饰符的作用，局部变量 k 的值在每次函数调用时能记住前面的值，每次调用函数时 k 将根据前一个值计算后一个值。

【思考】将函数 f () 中局部变量 k 的 static 修饰符删除，观察结果有什么变化，并分析原因。

2. 用 static 修饰符定义静态全局变量

static 修饰符也可以应用于静态全局变量。当 static 修饰静态全局变量时，会使变量的作用域限制在声明它的文件内。当一个源程序由多个源文件组成时，非静态的全局变量在各个源文件中都是有效的。而静态全局变量则限制它只在定义该变量的源文件内有效，在同一源程序的其他文件中不能使用它。

3. 用 static 修饰符定义内部函数

如果在一个源文件中要定义的函数只能被本文件中的函数调用，而不能被同一源程序其他文件中的函数调用，可以在函数头添加 static 修饰符来实现，这种函数称为内部函数。

内部函数也称为静态函数。但此处静态 static 的含义已不是存储方式，而是对函数的调用范围只局限于其所在文件。所以，不同源文件定义同名的静态函数不会引起混淆。这样，有利于不同的人分工编写不同模块，而不必担心函数是否同名，即使同名也互不干扰。

8.3.5　寄存器变量

寄存器变量是由寄存器分配空间，访问速度比访问内存快。在 C 语言中，可以使用寄存器变量优化程序的性能，一般将一个函数中最常用的变量声明为寄存器变量。例如：

```
register int x;
```

如果环境支持，编译器会为寄存器变量分配一个单独的寄存器，函数执行期间对这个变量的操作全都是对这个寄存器进行操作，从而避免频繁访问内存，提高性能。

关于寄存器变量要注意以下几点。

（1）只有局部变量和形参可以作为寄存器变量。

（2）局部静态变量不能定义为寄存器变量。

（3）一个计算机系统的寄存器是有限的，因此不能定义过多的寄存器变量。

（4）寄存器变量不能进行取址操作。

例如：

```
register int m;
int *p = &m;                     // 错误，因为无法对寄存器定址
```

8.4　函数的递归

递归是函数定义中的一种特殊现象，它是在函数体内又调用函数自身。注意，在函数内递归调用自身通常是有条件的，符合条件，递归调用；而不符合条件就不再递归调用。递归调用的一个典型例子是求阶乘问题，根据阶乘的计算特点，可以发现以下规律。

```
n! = n *(n-1)!
```

也就是说，求 5 的阶乘可以将 5 乘上 4 的阶乘，而 4 的阶乘又是将 4 乘上 3 的阶乘，依次类推。最后 1 的阶乘为 1，0 的阶乘也为 1，结束递归。

用数学表示形式描述可以写成：

$$\begin{cases} \mathrm{fac}\,(n) = 1 & \text{当 } n = 1 \text{ 或 } n = 0 \\ \mathrm{fac}\,(n) = n * \mathrm{fac}\,(n-1) & \text{当 } n > 1 \end{cases}$$

可以利用递归编写以下求阶乘的函数：

```
int fac(int n)
{
    if(n==1||n==0)
        return 1;
    else
    return n * fac(n-1);
}
```

📢 **注意**

在编写递归函数时一定要先考虑结束递归调用的条件，从而避免无限递归。

递归的执行要用到堆栈保存数据，它在递归的过程中需要保存程序执行的现场，这个现场中包括函数中的局部变量、函数参数所分配的存储空间及存储函数结果的存储空间。然后在结束递归时再逐级返回结果。每次函数调用返回时要释放掉函数执行所占的堆栈空间，这也是局部变量的作用域只限于函数内有效的根本原因。递归调用返回时，从 1！就可以得到 2！，2！就可以得到 3！……依次类推。因此，可以说计算递归时分为递推和回推两个阶段。函数递归调用的执行示意

图如图 8-8 所示。

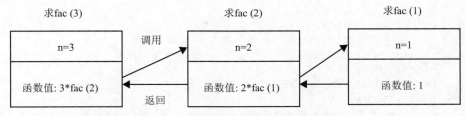

求 fac (3)　　　　　　　求 fac (2)　　　　　　　求 fac (1)

图 8-8　函数递归调用的执行示意图

在函数定义中，在函数体中直接调用该函数自身的递归称为直接递归；在函数体中调用另外一个函数，而另外一个函数中又存在调用先前函数的现象称为间接递归。

递归的好处是让算法变得简明，缺点是计算和存储开销大，递归计算的效率并不高，因此，在一般情况下应尽量不采用递归计算。

【例 8-17】二分查找问题

二分查找又称折半查找，是一种效率较高的查找函数。折半查找的比较次数少，查找速度快，用于数据不经常变动而且查找频繁的有序列表。折半查找的过程采用跳跃式方式，即先以有序数列的中间位置为比较对象，如果要找的元素值小于该中间元素，则将待查序列缩小为左半部分；如果大于，则将待查序列缩小为右半部分。每次比较将查找区间缩小一半。

程序代码如下：

```
#include <stdio.h>
#include <stdlib.h>
#include <time.h>
int binarySearch(int x[],int len,int key)
{
    int start = 0;                       // 区间的左边界
    int end = len - 1;                   // 区间的右边界
    while(start <= end)
    {
        int mid = start +(end - start)/ 2; // 求中间位置
        if(key < x[mid])
            end = mid - 1;               // 继续在左半区查找
        else if(key > x[mid])
            start = mid + 1;             // 继续在右半区查找
        else
            return mid;                  // 找到，则返回位置
    }
    return -1;                           // 没找到，则返回 -1
}

void sort(int x[],int len)               // 排序的具体实现过程见例 8-10
```

```
void main()
{
        int a[100],value,k,p;
        srand(time(NULL));
        for(k = 0; k<100; k++)
           a[k] = rand()%100;                    // 给数组赋值
        sort(a,100);                             // 数组排序
        printf(" 请输入要查找的数据值 ?\n ");
        scanf("%d",&value);
        p = binarySearch(a,100,value);           // 调用折半查找函数
        if(p != -1)
           printf(" 在数组中首次出现位置为 a[%d]\n",p);
        else
           printf(" 该数据在数组中不存在 !\n");
}
```

二分查找算法也可以采用递归描述和实现。但函数的参数要给出数组查找的范围，递归设计的二分查找函数如下：

```
int binarySearch2(int x[],int start,int end,int key)
{
    int mid =(end - start)/ 2 + start;
    if(x[mid] == key)return mid;                 // 找到，则返回位置
    if(start >= end)return -1;                   // 没找到，则返回 -1
    if(key > x[mid])
        return binarySearch2(x,mid + 1,end,key);
    else
        return binarySearch2(x,start,mid - 1,key);
}
```

相应地，调用递归函数进行二分查找的函数调用语句为

```
int p = binarySearch2(a,0,len-1,key);            // 其中 len 为数组元素个数
```

8.5 C 语言的编译预处理

C 语言预处理器不是编译器的组成部分，但它是编译过程中一个单独的步骤。所有的预处理器命令都是以 # 号开头，不以分号结束。预处理是在编译之前的处理，C 语言有 3 种预处理，分别为宏定义、文件包含和条件编译指令。

8.5.1 宏定义

宏定义又称为宏代换、宏替换，简称"宏"。宏定义前面已经接触过，最典型的宏定义是定义符号常量。宏定义相当于替换，不做计算，也不对表达式进行求解。

1. 宏定义的格式

宏定义的格式如下：

```
#define 标识符 字符串
```

其中，标识符就是符号常量，也称为"宏名"。预处理（预编译）工作也叫作宏展开，即将宏名替换为字符串。例如：

```
#define PI  3.1415926
```

把程序中出现的 PI 全部换成 3.1415926。

关于宏定义要注意以下几点。

（1）习惯上，宏名一般用大写。

（2）使用宏可以提高程序的通用性和易读性，减少不一致性，减少输入错误和便于修改。例如，针对数组的应用，经常将数组大小用宏定义来设定。其好处是要改动数组大小直接修改宏定义的字符串内容即可。

（3）可以用 #undef 命令终止宏定义的作用域。

（4）如果指令一行放不下，可以通过"\"进行控制。

（5）程序代码中字符串常量中的内容不会进行宏替换。

例如，printf("PI") 的输出结果是 PI，而不是 3.1415926。

2. 带参数化的宏

带参数化的宏可以实现类似函数的功能。其格式如下：

```
#define 宏名（参数表）字符串
```

其中，宏名和左圆括号之间不允许有空格。参数表是在圆括号内。

设计带参数化宏时，注意以下几点。

（1）在字符串中将参数用圆括号括住，以免替换后影响最终表达式的计算次序。

例如：

```
#include <stdio.h>
#define MAX(x,y)  ((x)>(y)?(x):(y))
void main()
{
    printf("max=%d\n",MAX(10,20));
}
```

【运行结果】

```
max=20
```

（2）注意字符串常量化运算符（#）的使用。

当需要把一个宏的参数转换为字符串常量时，用字符串常量化运算符（#）即可实现。

例如：

```
#include <stdio.h>
#define message(a,b)\
        printf(#a " and " #b ": welcome to ECJTU!\n")
void main()
{
    message(mary,john);
}
```

📝 **说明**

定义宏时通过"\"表示续行。它也适用于 C 语言中其他代码的续行。

【运行结果】

```
mary and john: welcome to ECJTU!
```

📢 **注意**

替换后在 printf 语句中的若干字符串写在一块儿，会理解为一个字符串。

（3）标记粘贴运算符（##）的使用。

宏定义内的标记粘贴运算符（##）会合并两个参数，即把出现在"##"两侧的参数合并成一个符号。例如：

```
#include <stdio.h>
#define merge(n)  printf("token" #n " = %d",token##n)
void main()
{
    int token12 = 25;
    merge(12);
}
```

【运行结果】

```
token12 = 25
```

📝 **说明**

"merge(12);"这行在宏替换后，编译器产生的实际代码是
```
printf("token12 = %d",token12);
```

8.5.2　文件包含

文件包含是指一个源文件可以将另一个源文件的全部内容包含进来。文件包含使用 #include 命

令，它的作用是在预编译时，将指定源文件的内容复制到当前文件中。

文件包含有两种格式。

格式 1：#include "file"

特点：文件名外加双引号，系统首先在当前目录下查找被包含的文件，如果没找到，再到编译系统指定的目录去找。

格式 2：#include <file>

特点：文件名外加尖括号，直接到编译系统指定的目录去找。

在 C 语言中，最基本的包含文件是 stdio.h，这个头文件实际上会自动包含进来，可以省略 #include 命令，其他包含文件在使用时一定要用 #include 命令将之包含进来。

8.5.3　条件编译指令

C 语言支持条件编译，通过条件编译指令将决定哪些代码被编译，哪些代码不被编译。可以根据表达式的值或者某个特定的宏是否被定义确定编译条件。

条件编译指令类似于程序设计语言的 if 语句，只是条件编译没有大括号，因此，全靠指令标识符识别所包含的区域。例如，用 #endif 表示结尾。

1. #if、#else、#elif 和 #endif 指令

（1）格式 1。

```
#if 表达式
    // 语句段 1
#else
    // 语句段 2
#endif
```

功能：如果表达式为真，就编译语句段 1；否则编译语句段 2。

（2）格式 2。

```
#if 表达式 1
    // 语句段 1
#elif 表达式 2
    // 语句段 2
#else
    // 语句段 3
#endif
```

功能：如果表达式 1 为真，就编译语句段 1；否则判断表达式 2。如果表达式 2 为真，就编译语句段 2；否则编译语句段 3。

以下程序经过编译预处理后，main () 函数体中实际只有 1 行 "printf ("2");"。

```
#define TWO 2
main()
{
    #ifdef ONE
        printf("1");
    #elif defined TWO
        printf("2");
    #else
        printf("3");
    #endif
}
```

2. #ifdef 和 #ifndef 指令
（1）#ifdef 指令的一般形式。

```
#ifdef 宏名
    // 语句段
#endif
```

功能：如果已定义了这样的宏名，就编译语句段。
（2）#ifndef 指令的一般形式。

```
#ifndef 宏名
    // 语句段
#endif
```

功能：如果没有定义这样的宏名，就编译语句段。

📢 注意

#else 指令可以用于 #ifdef 和 #ifndef 指令中，但 #elif 指令不可以。

例如：

```
#ifndef MESSAGE
    #define MESSAGE "You wish!"
#endif
```

其表达的意思是只有当 MESSAGE 未定义时，才定义 MESSAGE。

习　　题

一、选择题
（1）以下程序的运行结果是（　　）。

```
int x=5;
void change(int m)
```

```
{
    m += 2;
}
void main()
{
    change(x);
    x++;
    printf("%d",x);
}
```
A. 7　　B. 6　C. 5　　D. 8

（2）以下程序的运行结果是（　　）。

```
void main()
{
    if(!f(3))
        printf("3 is odd");
    else
        printf("3 is even");
}
int f(int x)
{
    return x%2==0;
}
```

A. 3 is odd　　　　　　　B. 3 is even

C. 程序不能通过编译　　　D. 程序可以编译，但不能正常运行

（3）以下程序的运行结果是（　　）。

```
int f()
{
    static int x=2;
    x++;
    return x;
}
main()
{
    f();
    printf("f()=%d\n",f());
}
```

A. f()=4　B. f()=3　C. f()=2　D. 运行出错

（4）当调用函数时，实参是一个数组名，则向函数传递的是（　　）。

A. 数组的长度　　　　　　B. 数组的首地址

C. 数组每一个元素的地址　D. 数组每个元素中的值

（5）假设正确定义了全局变量 a=3, b=4;，执行下列程序后输出的结果是（　　）。

```
void fun(int x1,int x2)
{
    printf("%d,%d\n",x1+x2,b);
```

```
}
void main()
{
    int a=5,b=6;
    fun(a,b);
}
```
A. 3, 4　　B. 11, 1　　C. 11, 4　　D. 11, 6

（6）以下函数的类型是（　　）。

```
fff(float x)
{
    return x + 5;
}
```
A. 与参数 x 的类型相同　　　B. void 型

C. int 型　　　　　　　　　　D. 无法确定

（7）在 C 语言程序中，以下叙述正确的是（　　）。

A. 函数的定义可以嵌套，但函数的调用不可以嵌套

B. 函数的定义不可以嵌套，但函数的调用可以嵌套

C. 函数的定义和函数调用均可以嵌套

D. 函数的定义和函数调用不可以嵌套

（8）判断某个字符型变量 ch 是否为数字字符的错误表达式是（　　）。

A. ch>='0' && ch<='9'

B. ch-'0'>=0 && ch-'0'<=9

C. ch>=0 && ch<=9

D. isdigit (ch)

（9）下列正确的函数定义形式是（　　）。

A. double f (int x, int y)

```
{
    z = x + y;
    return z;
}
```
B. f (int x, y)

```
{
    int z;
    return z = x + y;
}
```
C. f (x, y)

```
{
    int x,y;
    double z;
    return z = x + y;
}
```

D. double f (int x, int y)

```
{
    return x + y;
}
```

（10）以下程序的运行结果是（　　）。

```
int f(int x,int y)
{   return x>y?x:y;
}
void main()
{
    int x=9,y=10;
    printf("%d",f(f(x,y--),++x));
}
```

A. 8　　　B. 9　　　C. 10　　　D. 11

（11）以下程序的运行结果是（　　）。

```
fun(int x,int y){ return(x+y); }
main()
{ int a=1,b=2,c=3,sum;
    sum=fun((a++,b++,a+b),c++);
    printf("%d\n",sum);
}
```

A. 6　　　B. 7　　　C. 8　　　D. 9

（12）若有以下函数调用语句：

```
fun(a+b,(x,y),fun(n+k,d,(a,b)));
```
在此函数调用语句中实参的个数有（　　）个。

A. 3　　　B. 4　　　C. 5　　　D. 6

（13）以下叙述中错误的是（　　）。

　　A. 局部变量的定义可以在函数体或者复合语句内部

　　B. 全部变量的定义可以在函数外部的任何位置

　　C. 全局变量和局部变量不允许同名

　　D. 函数形参属于局部变量

（14）以下关于 return 语句的叙述中，正确的是（　　）。

　　A. 一个自定义函数中必须有一条 return 语句

　　B. 一个自定义函数中可以根据不同情况设置多条 return 语句

　　C. 定义成 void 型的函数中可以有带返回值的 return 语句

　　D. 没有 return 语句的自定义函数在执行结束时不能返回到调用处

二、写出下列程序的运行结果

程序 1：

```
#include <stdio.h>
```

```
int fun(int k[],int n)
{
    if(n>0)
        return n + fun(k,n-1);
    else
        return 0;
}
void main()
{
    int a[] ={3,1,5,4};
    printf("%d",fun(a,3));
}
```

程序 2：

```
#include <stdio.h>
int f()
{
    static int x=2;
    x++;
    return x;
}
main()
{
    f();
    printf("f()=%d\n",f());
}
```

程序 3：

```
#include <stdio.h>
#define p 3
#define s(a)p*a*a
void main( )
{
    int b;
    b = s(3+5);
    printf("%d\n",b);
}
```

程序 4：

```
#include <stdio.h>
#include <ctype.h>
void  fun(char s[])
{
    int i,j;
    for(i=j=0;s[i];i++)
    {
        if(isalpha(s[i]))
            s[j++]=s[i];
    }
    s[j]='\0';
```

```
    }
    void main()
    {
        char str[20]="hello 123 bye!";
        fun(str);
        puts(str);
    }
```

程序 5:

```
#include <stdio.h>
int a = 9;
void f()
{
    a++;
}
void main()
{
    int b,a = 50;
    f();
    b = a + 2;
    printf("a = %d,b = %d\n",a,b);
}
```

程序 6:

```
#include <stdio.h>
int x=300;
void f()
{
    static int x=20;
    x++;
    printf("%d\n",x);
}
void  main()
{
    f();
    f();
    printf("%d\n",x);
}
```

程序 7:

```
#define NUM(a,b,c)a##b##c
#define STR(a,b,c)a##b##c
main()
{
    printf("%d\n",NUM(1,2,3));
    printf("%s\n",STR("aa","bb","cc"));
}
```

三、程序填空题

（1）以下函数的功能是计算 x 的 y 次方。

```
double fun(float x,int y)
{
    int i =1;
    double z =1;
    if(y==0)return 1;
    while(     【1】     )
    {
        z =     【2】     ;
        i++;
    }
    return z;
}
```

（2）函数 fun () 是求以下表达式的值：

s = 1+1/3+ (1*2) / (3*5) + (1*2*3) / (3*5*7) + ⋯ + (1*2*3*⋯*n) / (3*5*7*⋯* (2*n+1))

请将程序补充完整，并给出当 n=20 时，程序的运行结果（保留 10 位小数）。

```
#include <stdio.h>
double fun(int n)
{
    double s,t; int i;
        【1】
    t = 1.0;
    for(i=1;i<=n; i++)
    {
      t = t*i/(2*i+1);
        【2】
    }
    return s;
}
main()
{
    printf("\n %12.10lf",fun(20));
}
```

（3）从整数 10 到 55 中选出能被 3 整除且至少有一位以上的数是 5 的数，并把这些数放在数组 b 中，这些数的个数作为函数值返回。

```
#include <stdio.h>
fun(int *b)
{   int k,a1,a2,i=0;
    for(k=10;k<=55;k++)
    {   a1 =k/10;
        a2 = 【1】 ;
        if(k%3==0 &&(a1==5)||  【2】  ))
        {  b[i]=k;     【3】    ;}
    }
```

```
        【4】  ;
    }
main()
{   int a[100],k,m;
    m=fun(a);
    printf("The result is:\n");
    for(k=0;k<m;k++)printf("%4d",a[k]); printf("\n");
}
```

四、程序改错题

（1）下面程序中，函数 fun () 的功能是：计算并输出 k 以内的最大的 10 个能被 13 或 17 整除的自然数之和。请改正程序中的错误，并运行正确的程序，当从键盘输入 500 时，给出程序运行的正确结果。

```
#include <stdio.h>
int fun(int k)
{
    int m=0,mc=0;
    while((k>=2)|| mc<10)
    {
        if((k%13==0)&&(k%17==0))
        {
            m=m+k;
            mc++;
        }
        k--;
    }
    return m;
}
main()
{
    int k;
    printf("\n 请输入整数: ");
    scanf("%d",&k);
    printf("\n 结果是: %d\n",fun(k));
}
```

（2）下面的程序是求 400 以内的所有的素数之和。请修改程序中的错误，并给出正确的运行结果。

```
#include <stdio.h>
#include <math.h>
int prime(int n)
{   int yes,i;
    if(n<=1){ return 0;}
    yes = 0;
    for(i=2; i<=sqrt(n); i++)
        if(n%i==0){ yes = 1; break;}
    return 1;
}
```

```
main()
{
    int sum=0,i;
    for(i=2;i<=400; i++)
        if(prime(i))sum+=i;
    printf("%d\n",sum);
}
```

（3）下面的程序中，函数 fun () 的功能是根据形参 m，计算下面公式的值。

$$T = 1+1 / (1*2) + 1/ (2*3) +\cdots+1 / (m-1) * m$$

```
#include <stdio.h>
double fun(int m)
{
    double t = 1.0;
    int i=2;
    for(i=2;i<=m; i++)
        t += 1.0/(i*(i+1));
    return;
}
main()
{
    int m;
    printf("\n 输入整数：");
    scanf("%d",&m);
    printf("\n 结果是：%lf \n",fun(m));
}
```

五、编程题

（1）编写以下几个函数：

① 函数 average () 求一维整型数组所有元素的平均值。

② 函数 count () 在一维整型数组中统计某个整数的出现次数。

③ 函数 find_max () 求一维整型数组中最大元素值。

利用随机函数产生数据范围在 10～20 的 30 个整数，并赋值给一个一维数组，调用函数求解平均值和最大值，并统计整数 15 的出现次数以及最大值的出现次数。

（2）编写函数把无符号的整数 n 转换成二进制字符串表示，即输入一个整数，输出其二进制。

（3）编写函数 to_string () 将一个整数（可以为负数）转换成字符串并输出。在主程序中调用函数分别将 -125 和 98735 转换成字符串输出。

（4）编写函数 replace () 将某个字符串中的指定字符用另一个新字符替换。

函数的形态如下：

```
void replace(char s[],char old,char new)
```

其中，s 为字符串；old 为要替换的旧字符；new 为新的字符。

输入一个字符串，调用 replace () 函数将字符串中的所有空格字符用 $ 字符替换。

（5）编写函数 fun ()，其功能是：统计字符串中各元音字母（即 A、E、I、O、U）的个数。注意，字母不分大小写。函数通过数组返回统计结果，函数的形态如下：

```
void fun(char *s,int num[5])
```

从键盘输入一个字符串，输出统计结果。例如，输入 This is a boot，则输出 1、0、2、2、0。

第 9 章　指针

本章知识目标：

❑ 掌握指针变量的定义与引用。

❑ 掌握指针的运算。

❑ 掌握指针与数组的关系，熟悉利用指针处理字符串。

❑ 了解二维指针的使用。

❑ 了解指针作为函数参数与函数指针的使用。

C 语言指针会增加编程的难度，提高编程的灵活性，有助于理解计算机的存储分配与访问，但编程中也容易出错。通过指针，可以简化一些 C 语言编程任务的执行，而且有一些任务，如动态内存分配，没有指针无法执行。

C 语言程序设计中使用指针的优点如下。

（1）使程序简洁、紧凑、高效。

（2）有效地表示复杂的数据结构。

（3）实现内存的动态分配。

（4）让函数可以得到多个返回值。

9.1　指针的概念及运算

计算机的内存是以字节为单位的连续的存储空间，每个字节都有一个内存地址，这些地址的值是连续的。每一个变量在生命周期内占据若干字节的连续存储单元，变量占据的字节数与变量的类型及系统环境有关。例如，int 型变量占用 4 个字节，char 型变量占用 1 个字节，float 型变量占用 4 个字节，double 型变量占用 8 个字节。一个变量所占据内存的第 1 个字节的地址为该变量的地址，从存储访问上看，变量是对程序中数据存储空间的抽象，可以通过取地址运算符（&）得到变量在内存的地址。

在 C 语言中，指针实际就是地址，某种类型的指针变量用来保存相应类型变量的地址。指针变量分配空间固定占用 4 个字节。

设有 char 型的变量 c，它存储了字符 K，该变量占用地址为 0X18ff44 的内存地址单元（地址常用十六进制表示）。另有 char * 型的指针变量 p，其值为 0X18ff44，则称 p 是指向变量 c 的指针。指针变量与指向内容的关系如图 9-1 所示。

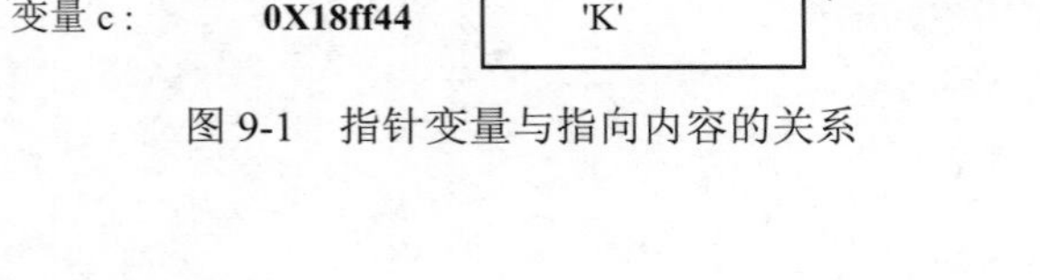

下列程序段中的输出语句分别输出字符指针变量 p 和字符变量 c 的地址及内容。

图 9-1　指针变量与指向内容的关系

```
char c ='K';
char *p = &c;                      // 指针 p 指向的目标就是变量 c
printf("%x,%x\n",&p,p);            // 结果为 18ff40, 18ff44
printf("%x,%c\n",&c,c);            // 结果为 18ff44, K
```

其中，"&"是获取变量地址的单目运算符，运算符后面的操作数就是变量，操作结果就是变量的地址。可以看到，指针变量 p 的存储内容就是变量 c 的地址值。需要指出的是，程序运行时变量的地址值会随运行环境的不同而不同，所以没必要关注变量地址的具体数值。

【思考】如何获得指针变量所占字节数的信息呢？它的大小固定吗？

9.1.1 指针变量的定义与赋值

指针变量的定义形式如下：

［存储类型］基类型 *指针变量名［= 初始值］;

例如：

```
int a,*p = &a;              // p 为指向整型变量的指针，p 指向变量 a 的地址
char *s = NULL;             // s 为指向字符型变量的指针，s 指向一个空地址
```

【思考】指出"int *p1,*p2;"和"int *p1, p2;"在含义上的差异？

关于指针变量的定义与赋值，要注意以下几点。

（1）不同数据类型的指针之间唯一差别是指针所指向的变量类型不同。指针变量定义之后，必须将其与类型相符的某个变量的地址相关联才是正确使用，否则将很危险。

（2）赋值为 NULL 的指针被称为空指针。NULL 是一个定义在标准库中的值为零的常量，如果指针为 NULL，则表示它不指向任何东西。注意，p=NULL 与未对 p 赋值意义不一样。

【重点提醒】使用指针变量要保证先赋值后引用，即先要让其指向某个目标变量。

9.1.2 通过指针变量取得数据

直接引用指针变量名得到的是它所指变量的地址。通过指针访问其所指向位置的数据内容可以通过以下方式：

*指针变量名

其中，"*"为"间接引用运算符"，其返回结果是指针所指变量的值。

例如：

```
int a,*p;
p = &a;                    /* 指针 p 指向了变量 a 的地址 */
*p = 15;                   /* 相当于 a = 15 */
printf("%d\n",*p);         // 输出结果 15
```

其中，p、&a 都表示变量 a 的地址；*p、a 都表示变量 a 的值。

📢 **注意**

> 上面程序中出现的 "*" 代表不同含义：变量定义时出现的 "*" 只是个符号，表示定义的变量为指针类型；而其他用 *p 访问指针变量时，"*" 是指运算符，代表访问指针变量所指向地址的单元内容。

【例 9-1】编写一个将两个变量的值进行互换的函数

【分析】当函数参数为基本类型时，形参的变化不会影响实参的值。如果将函数参数改用指针类型，则通过函数调用可以实现对实参数据的交换。

程序代码如下：

```c
#include <stdio.h>
void main()
{
    void swap(int *x,int *y);      // 声明 swap() 函数
    int a = 100,b = 200;
    swap(&a,&b);                    // 调用 swap() 函数
    printf("a=%d,b=%d\n",a,b);
}

void swap(int *x,int *y)           // 定义 swap() 函数
{
    int t = *x;                    // 交换两个指针 x，y 所指单元的内容
    *x = *y;
    *y = t;
}
```

【运行结果】

```
a=200,b=100
```

🖊 **说明**

> 可以看出，调用 swap () 函数的执行结果是交换了实参传递过来的两个变量的值。由于指针的作用，在函数中通过指针访问的数据内容就是来自实参的变量内容，因此，函数通过形参进行的数据交换实际是完成了对应的两个实参变量的数据交换。

📢 **注意**

> 指针变量作为函数参数是按地址传递信息，和前面介绍的数组参数一致，其特点是实参与形参共享同一数据对象，可以实现信息的 "双向" 传递。因此，通过形参去操作改变数据会影响对应的实参的值。

【重点提醒】对于指针类型的参数，形参和实参实际是指向同一个目标对象。

【深度思考】如果将 swap () 函数定义为以下形式，则不能实现相应实参数据的交换。

```
void swap(int *x,int *y)
{
    int *t = x;       // 交换两个指针 x，y 的值
    x = y;
    y = t;
}
```

📢 注意

这样的交换仅仅是交换了形参 x 和 y 的地址值，并不会导致实参的变化。

9.1.3　理解 "&" 和 "*" 的使用

"&" 和 "*" 是两个神奇的运算符，"&" 用来得到变量的地址，"*" 则可以访问指针变量指向的地址单元的内容，"&" 和 "*" 两个运算符的优先级相同，且均为右结合。两者常常配合使用。

假设 int 型的变量 a，pa 是指向它的指针，即 pa=&a。那么 *&a 和 &*pa 分别是什么意思呢？

（1）*&a 可以理解为 * (&a)，&a 表示取变量 a 的地址（等价于 pa），* (&a) 表示取这个地址上的数据（等价于 *pa），即 *&a 仍然等价于 a。

（2）&*pa 可以理解为 & (*pa)，*pa 表示取得 pa 指向的数据（等价于 a），& (*pa) 表示数据的地址（等价于 &a），换言之，&*pa 等价于 pa。

【代码阅读】通过以下程序领会各种表达方式的差异性。

```
#include <stdio.h>
void main()
{
    int a,*pa;
    pa = &a;        /* 指针 pa 指向了变量 a 的地址 */
    *pa = 15;       /* 相当于 a=15 */
    printf("%d,%d,%d,%d\n",pa,*&a,&*pa,*&pa);
}
```

【运行结果】

```
1638212,15,1638212,1638212
```

🗒 说明

由于变量分配的地址是由操作系统动态决定的，并不是固定的值。该程序每次运行结果可能均不一样。

【趣味问题】分析一个实数的二进制表示。

一个 float 型数据占用 4 个字节，可以将其内存单元的 4 个字节数据以无符号整数形式输出。

以无符号整数形式访问其内容的二进制构成是分析的关键。4 个字节的数据总共对应 8 个十六进制位数字，通过分析这些数字就可以验证实数的表示。

程序代码如下：

```
main()
{
    float f = 1.56E+002;
    unsigned int* p =(unsigned int*)&f;
    printf("%08X\n",*p);    // 按 8 个十六进制位输出数据
}
```

【运行结果】

```
431C0000
```

9.1.4　指针的运算

1. 指针的算术运算

指针是用数值表示的地址，可以对指针执行算术运算。指针的算术运算的结果依赖于指针的基本类型。假设 p 为某种类型的指针变量，n 为整型数据。则 p+n、p++、++p、p--、--p、p-n 的运算结果仍为指针。p++ 代表指针变量 p 增值 1，指向下一个元素位置。

关于指针的算术运算，注意以下几点。

（1）理解 p+n 和 p-n 的意义。

首先需要强调的是，只有当 p、p+n 或 p-n 都指向连续存放的同类型数据区域（如数组）时，指针加减整数的运算才有实际意义。

p+n 指向的地址是 p 当前位置之后第 n 个元素的地址，p+n 的值为 p+n*d，其中，d 是数组元素占用字节个数。例如，int 型数组，d 的值为 4。p+n 表达式本身并不改变 p 的值。

假设 p 指向 int 型数组 a，且 p=&a [0]，则 p+1 指向 a [1]，p+i 指向 a [i]。p+n 含义的示意图如图 9-2 所示。

（2）指针的自增和自减操作。

++p 运算后，指针 p 指向的地址变为 p+d（d 为 p 指向的变量所占用字节数）。对于访问数组元素，无论是 p++ 还是 ++p，在运算结束后都会导致指针 p 指向下一个数组元素。

【例 9-2】用指针验证数组元素的存放是否连续

程序中，访问一般变量 a 是指 a 中存放的值，但数组变量 a 则是表示数组地址。要得到数组 a 的地址，可以直接用 a 或 &a 表示，其意义相同。数组元素在内存中是连续存放的，可以通过指针的增值遍历得到数组各个元素

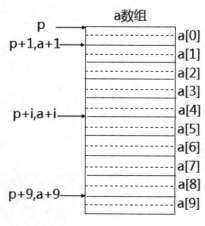

图 9-2　p+n 含义的示意图

的地址。

程序代码如下:

```
#include <stdio.h>
void main()
{
    int i,a[4] = {1,3,5,7};
    int *pa = a;              // 指针 pa 指向数组 a
    for(i=0;i<4;i++)
    {
        printf("address of a[%d]=%p,value=%d\n",i,pa,*pa);
        pa++;                 // 指针 pa 增值
    }
}
```

【运行结果】

```
address of a[0]=0018FF34,value=1
address of a[1]=0018FF38,value=3
address of a[2]=0018FF3C,value=5
address of a[3]=0018FF40,value=7
```

📎 说明

程序中以 %p 的格式输出指针值,它是以十六进制输出地址值。由于 int 型的数据占用 4 个字节的存储单元,因此,指针变量 pa 的每次增值,其值要增加 4。程序运行时数组分配的地址值在不同机器环境下,其运行结果不一样,读者不必在乎其具体值,重点关注地址值之间的增量关系。

(3) 同类指针的相减运算。

两个同类指针可以进行相减运算,其结果值是两个指针之间数据元素的个数。

假设有 "int *p1=&a [1];int *p2=&a [3];",则 p2−p1 的结果为 2。

不难理解,两个指针如果进行相加操作是毫无意义的。

(4) 区分运算符 *、++、-- 的各种配合使用。

为简化代码,编程中经常将多个运算符写在一个表达式中,特别是对指针的访问经常与 ++ 和 -- 运算符配合使用,这时要注意表达式中运算的执行次序。

【难点辨析】理解表达式 *p++ 和 (*p) ++ 所代表的意义。

*p++ 相当于 * (p++),因为运算符 "++" 的优先级要高于运算符 "*",但要注意 p++ 是后增值,表达式结果为 *p 的值(这里 p 为其原值)。特别提醒,指针 p 进行了后增值。

(*p) ++ 是将 *p 求值的结果进行后增值,同样是后增值操作,表达式结果还是 *p 的值,但要注意,*p 是将指向的位置的内容值进行了增值。这里指针 p 的值没有变化。

【思考】区分表达式 ++*p 和 *++p 的运算差异性在哪里?

【例 9-3】演示指针的算术运算

程序代码如下：

```
#include <stdio.h>
void main()
{
    int x[10] = {1,2,8,6,7,23,24,5,9},*p;
    p = &x;
    *p = 15;                    /* 相当于 x[0]=15 */
    printf("p=%d,*p=%d\n",p,*p);
    printf("p=%d,*(p++)=%d\n",p,*(p++));
    printf("p+3=%d,*(p+3)=%d\n",p+3,*(p+3));
    printf("p=%d,*++p=%d\n",p,*++p);
    printf("p=%d,++(*p)=%d\n",p,++(*p));
}
```

【运行结果】

```
p=1638184,*p=15
p=1638184,*(p++)=15
p+3=1638200,*(p+3)=7
p=1638192,*++p=8
p=1638192,++(*p)=9
```

注意

这里是以十进制输出地址值。在思考程序运行结果时，特别要注意指针指向位置的动态变化，程序中 p+3 访问的位置相当于 x[4]，这是因为前一条输出语句中进行了 p++ 操作，指针 p 实际指向位置已经变为 x[1]。

说明

同一条 printf 语句中处理各个输出项是按照自右向左的顺序进行计算。p++ 的增值是在整个 printf 语句计算结尾时进行的，所以第 2 行中 p 的输出结果仍然是数组的首地址。++p 是先增值，后将 p 的新值参与其他运算，所以第 4 行中 p 的输出结果已经在数组首地址基础上进行了 2 次增值操作，即地址值增加了 8。

2. 指针的关系运算

关系运算常用于比较两指针是否指向同一变量。还可以通过 >（大于）、<（小于）等关系运算比较两个指针地址值的先后顺序。

假设有：

```
int a,*p1,*p2;
p1 = &a;
p2 = p1;
```

只有当 p1、p2 指向同一元素时，表达式 p1==p2 的值才为 1（真）。

在数据结构中有一种称为链表的数据表示形式是用指针链接所有成员，在链表的尾部指向 NULL，这样可以通过循环遍历访问链表，循环的条件是指针 p!=NULL。

【例 9-4】计算数组中 10 个元素之和

为演示指针的算术及关系运算等，本例采用指针实现对数组元素的遍历访问。

程序代码如下：

```c
#include <stdio.h>
void main()
{
    int x[10] = {2,3,4,5,7,8,4,8,9,2};
    int *p,*q,s=0;
    p = x;
    q = p + 10;              //q 指向数组最后一个元素之后的位置
    while(p<q)
    {
        s += *p;
        p++;                 //p 指向下一个元素
    }
    printf(" 数组元素和 =%d\n",s);
}
```

【运行结果】

数组元素和 =52

9.2　指针与数组访问

对于一维数组来说，访问数组元素的方式既可以通过下标变量（下标法），也可以通过指针方式（指位定位法）。例如，以下代码是通过指针方式访问字符数组的元素。

```c
int x[] = {1,2,3};
*(x+1)= 8;                   // 通过指针方式修改字符数组下标为 1 的元素
printf("%d,%d\n",x[0],x[1]); // 输出结果为 1, 8
```

如果定义一个指针变量指向该数组，则可以用下标法和指针定位法两种方式访问该数组。

假设指针 p 指向数组 x，赋值如下：

```c
int *p = &x;
```

或者直接用数组名代表数组的首地址赋值给指针 p。

```c
int *p = x;
```

现在引用数组元素 x [i]，可以采用下面几种办法。

（1）下标法：x [i] 和 p [i]。

（2）常量指针法：*(x+i)。

（3）指针变量法：*(p+i)。

【难点辨析】指针 p 是可以移动的，通过变量 p 的增值变化可以用 *p 访问数组的不同元素。然而，数组名 a 是地址常量，其值不能改变，因此，a++ 和 a-- 等操作是非法的。但是，a+i 是允许的，它是一个表达式，并不改变 a 的值，* (a+i) 和 a [i] 的作用完全等价。

【例 9-5】对比数组元素的几种引用方法

本例演示对数组元素的各种等价访问形式，程序代码如下：

```c
#include <stdio.h>
void main()
{
    int i,a[5],*pa = a;
    for(i=0;i<5;i++)
        a[i] = i + 1;
    for(i=0;i<5;i++)
    {
        printf("*(pa+%d):%d\n",i,*(pa+i));
        printf("*(a+%d):%d\n",i,*(a+i));
        printf("pa[%d]:%d\n",i,pa[i]);
        printf("a[%d]:%d\n",i,a[i]);
    }
}
```

读者调试程序，可以观察到 4 种表达方式的运行结果是一致的。

指针和数组经常作为函数参数。实际上，数组和指针作为函数参数时均是地址传递，在应用中可以混合使用，其组合有 4 种情况：①形参和实参均为数组；②形参和实参均为指针；③形参为数组，实参为指针；④形参为指针，实参为数组。

【例 9-6】统计某个整数在一维整型数组中的出现次数

【分析】这里用指针类型的形参表示一维数组。对应实参可以是数组或指针。本例设计的函数 appearTimes () 只有两个参数，一个是指针 x，用来指向要操作的数组；另一个是要找的整数 s。数组的大小由符号常量 N 决定。

程序代码如下：

```c
#include <stdio.h>
#define N 8
int appearTimes(int *x,int s)      // 在数组 x 中找数据 s 的出现次数
{
    int k,count = 0;
    for(k=0; k<N; k++)
        if(s == *(x+k))            // 如果找到，则计数值增 1
            count++;
    return count;
}

main()
{
    int a[] ={1,2,3,7,8,9,3,2};
    int *p = a;
```

```
        int r = appearTimes(p,3);
        printf(" 在数组 a 中 3 的出现次数 =%d\n",r);
}
```

🔊 **注意**

从形参角度，"int x[]" 与 "int *x" 是等价的。从实参角度，数组和指针还是有差别的，"int *p" 和 "int p[]" 并不等价。指针 p 只有指向数组 a，才能代表数组 a。如果指针 p 没有被初始化，则程序运行将出错。当然，函数 appearTimes () 的第 1 个实参完全可以直接写成数组 a。

前面已知，对于一个实际的数组 a，不允许进行 a++ 操作，因为数组名 a 是地址常量。对于形参数组 a，可以进行 a++ 操作，形参数组实质上是被当作指针。无论是数组还是指针，参数传递的形式是一样的，均是传递地址。

【重点提醒】对于形参来说，一维数组表示和指针表示是等价的。

例如，appearTimes () 函数也可以改写成以下形式：

```
int appearTimes(int x[],int s)    // 在数组 x 中找数据 s 的出现次数
{
    int k,count = 0;
    for(k=0; k<N; k++)
    {
        if(s == *x)
            count++;
        x++;                       // 形参数组被当作指针，可以进行自增操作
    }
    return count;
}
```

【思考】本例是通过符号常量 N 设定数组的大小，其缺点是当数组的大小改变时要修改 N 的值。如果将 N 定义为全局变量，则在 main () 函数中根据数组 a 的大小确定其值，N 的值为 sizeof (a)/4，这样程序通用性更好。请读者思考如何修改程序？

【例 9-7】利用指针遍历访问数组元素

n 个人围成一圈，顺序排号。从第 1 个人开始报数（只能报 1、2、3），凡报到 3 的人退出圈子，问最后留下的是第几号？

【分析】利用数组存放围成一圈的 n 个人的序号，数组元素 num [0] 存放的序号值是 1，利用指针遍历访问数组元素。轮到出圈时将相应位置的数组元素值设置为 0。最后，数组元素值不为 0 的就是留下的那位。

程序代码如下：

```
#include <stdio.h>
void main()
{
    int i,k,m,n,num[50],*p;
    printf("\ninput number of person:n=");
```

```
    scanf("%d",&n);
    p = num;                   // 指针 p 定位到数组的头部
    for(i=0;i<n;i++)
        *(p+i)= i+1;           // 给数组元素赋初值
    i = 0;
    k = 0;
    m = 0;                     // 统计出圈者的数量
    while(m < n - 1)           // 循环报数
    {
        if(*(p+i)!=0)          // 在圈子里的人才参与报数
            k++;
        if(k==3)               // 报到 3 退出
        {
            *(p+i)= 0;         // 将出圈者对应位置的数据标记为 0
            k = 0;             // 报到 3 又从 0 开始报
            m++;               // 出圈人数加 1               }
        i++;
        if(i==n)  i=0;         // 报数转圈到最后一个位置又回到最前面
    }
    while(*p==0)  p++;         // 数组中第 1 个非 0 元素就是剩在圈内的人
    printf("The last one is No.%d\n",*p);
}
```

【运行结果】

```
input number of person: n=8
The last one is NO.7
```

【思考】如果要将整个出圈过程演示出来，可以安排输出语句将圈内数据的变化情况逐步输出。请思考，如何修改程序，可以达到形象地表达留在圈内成员的动态状况？

9.3 指针与字符串

字符串是一种应用广泛的数据类型，在 C 语言中，既可以用字符数组表示字符串，也可以用字符指针变量指向一个字符串。访问字符串时，既可以逐个引用字符，也可以整体引用字符串。

9.3.1 指向字符串的指针的赋值

指向字符串的指针是通过定义字符指针实现，指针指向单元的内容是一个字符，但这个字符和后续单元的字符连起来实际是一个字符串。

指向字符串的指针在赋值时其指向的数据对象有两种情形。

（1）字符串常量。字符串常量在内存中也会分配一段空间，可以定义指针变量指向其首地址。例如，以下用字符串常量初始化字符指针变量。

```
char *s = "I love Beijing.";
```

也可以在定义字符指针变量后，再通过赋值语句为其赋值。

```
char *s2;
s2 = "hello";
```

（2）字符数组，也就是字符串变量。如果是指向字符数组的指针，则可以直接用数组名为其赋值。例如：

```
char a[] = "hello";
char *s = a;          // 数组名代表字符串的起始地址
```

【重点提醒】从地址变化角度认识字符指针和字符数组：字符指针的指向可以动态变化，而字符数组的地址是固定的。

指针变量在赋值后，还可以继续改变其值。换句话说，指针变量的指向是可变的，每次对指针变量的赋值就是让其指向新的位置。

```
char *b = "hello";
b = "good";                     // 允许赋值后字符指针变量 b 指向另一个字符串
```

数组名代表数组的首地址，数组在编译时就确定了其空间分配，数组名代表的地址值是固定不变的，不能对数组名重新赋值。在一定意义上说，数组名相当于"指针常量"。

以下代码不能通过编译。

```
char a[] = "hello";
a = "bye";                      // 错误，不能给字符数组名赋值
```

要实现对字符数组的内容的重新赋值，可以通过 strcpy () 函数，或者用循环对各个数组元素进行赋值。

【例 9-8】利用指针计算字符串长度的函数设计

C 语言中可以用 strlen () 函数求字符串的长度，以下介绍两种函数。函数的参数用字符指针，函数调用时的实际字符串可以是字符串变量，也可以是字符串常量。

程序代码如下：

```
#include <stdio.h>
/* 方法 1：利用首字符和末尾字符在数组中的地址差求字符串长度 */
int length(char *str)
{
    char *p = str;
    while(*p!='\0')
        p++;
    return p - str;                // 利用指针相减运算得到元素个数
}

/* 方法 2：利用字符计数的办法求字符串长度 */
```

```
int length2(char *str)
{
    int count = 0;
    while(*str!='\0')
    {
        str++;
        count++;                        // 每遇到一个字符，计数变量增加 1
    }
    return count;
}

void main()
{
    char *s = "hello";                  // 指针指向字符串常量
    char x[]= "123456";                 // 字符串变量
    printf("%d\n",length(s));
    printf("%d\n",length2(x));
}
```

【运行结果】

```
5
6
```

✍ 说明

> 这两个函数有一个共同的特点，就是利用字符串的结束标记字符检测字符串的结尾，通过循环遍历整个字符串的各个字符，从而统计出字符串中字符的个数。

【例 9-9】计算一个给定字符串中的英文字母的个数

【分析】编写一个函数 fun ()，函数参数就是字符串，函数的返回结果为英文字母个数，所以，函数的类型为 int 型。以下介绍采用字符指针完成的方法。

程序代码如下：

```
#include <stdio.h>
#include <ctype.h>
int fun(char *s)                        // 函数参数为字符指针
{
    int count = 0;
    char ch;
    while((ch=*s++)!='\0')
        if(isalpha(ch))                 // 调用 C 语言函数库的函数来判断字符是否为英文字母
            count++;
     return count;
}

void main()
```

```
{
    char str[] = "Best wishes for you!";
    int count = fun(str);
    printf("count=%d\n",count);
}
```

📝 **说明**

> 函数 isalpha () 在 ctype.h 头文件中定义。该头文件中定义了一些与字符处理相关的函数。例如，isdigit () 函数用来判断字符是否为数字字符；islower () 函数用来判断字符是否为小写字母；isupper () 函数用来判断字符是否为大写字母。

【例 9-10】 自编一个函数 strcmp ()，实现对两个字符串大小的比较

函数原型为

```
int strcmp (char *p1, char *p2);
```

【分析】 p1 和 p2 两个字符串相等时，返回值为 0，不相等则返回两者中第 1 个不相同字符的 ASCII 编码的差值。

程序代码如下：

```
#include<stdio.h>
void main()
{
    int strcmp(char *,char *);
    char str1[20],str2[20];
    printf("input two strings:\n");
    scanf("%s",str1);
    scanf("%s",str2);
    printf("result:%d\n",strcmp(str1,str2));
}

int strcmp(char *p1,char *p2)       // 两个字符串的大小比较函数
{
    int i = 0;
    while(*(p1+i)== *(p2+i))         // 两个字符串中的字符一直保持相同才循环
        if(*(p1+i++)=='\0')          // 借助 i 的增值实现两个字符串比较的推进
            return 0;               // 推进到末尾，代表相等，返回结果 0
    return  (*(p1+i)-*(p2+i));       // 不等时返回不等位置字符 ASCII 编码的差值
}
```

【运行结果】

```
input two strings:
Chen
CHINA
result:32
```

9.3.2　区分字符串变量与字符串常量

【重点提醒】从内容的可变性角度认识字符串：字符串常量的内容是不能更改的，而字符数组（也称字符串变量）存储的内容是可变的。

以下代码演示了其使用差别。

```
char a[] = "hello";            // 通过数组表示字符串
char *b = "hello";             // 通过指针引用字符串常量
*(a+1)='X';                    // 正确，字符数组元素值可以修改
*(b+1)='X';                    // 错误，字符串常量中内容不能修改
```

记住，程序设计中处理内容可变的字符串一定要借助字符串数组。

由于字符指针指向的字符串常量是不可修改的，因此，实际使用中也要防止对某些字符串处理函数的错误调用。

例如，以下函数将字符串的首字母变为大写。

```
char * changeUpper(char *s)
{
    if(*s>='a' && *s<='z')
        *s += 'A'-'a';                     // 等价于 s[0]+='A'-'a';
    return s;
}
```

函数调用时，如果将字符常量的指针变量作为实参就会出现运行错误。

```
char *s ="hello";
printf("%s\n",changeUpper(s));             // 报错
```

如果修改为以下代码所示的数组作为实参，则没有问题。

```
char s[] ="hello";
printf("%s\n",changeUpper(s));             // 输出 Hello
```

【例 9-11】输入 3 个字符串，按由小到大的顺序输出

【分析】定义 3 个字符串变量来存储 3 个输入的字符串，根据字符串的比较结果交换各个变量中存储的内容，可以通过 strcpy () 函数更改字符串内容。也可以编写一个函数 swap () 实现两个字符串内容的交换。与基本类型的数据交换类似，实现两个字符串内容的交换可以引入一个中间变量存放交换的数据。

程序代码如下：

```
#include <stdio.h>
#include <string.h>
void main()
{
    void swap(char *,char *);
    char str1[20],str2[20],str3[20];
```

```
        printf("input three line:\n");
        gets(str1);                              // 读入 3 个字符串
        gets(str2);
        gets(str3);
        if(strcmp(str1,str2)>0) swap(str1,str2); // 字符串的比较及内容交换
        if(strcmp(str1,str3)>0) swap(str1,str3);
        if(strcmp(str2,str3)>0) swap(str2,str3);
        printf("after sort,the order is: ");
        printf("%s,%s,%s\n",str1,str2,str3);
}

void swap(char *p1,char *p2)                     // 实现两个字符串内容的交换
{
        char p[20];                              // 为交换值而引入的中间字符串变量
        strcpy(p,p1);                            // 实现指针所指字符串变量的内容更换
        strcpy(p1,p2);
        strcpy(p2,p);
}
```

【运行结果】

```
input three line:
one
two
three
after sort,the order is: One,three,Two
```

说明

swap () 函数中引入一个字符数组 p 存储字符串交换的中间数据，注意，这里不能将"char p [20]"改为"char *p"，由于没有明确的存储分配，指针是不能用于 strcpy () 函数中实现字符串的复制。

9.3.3　其他常用的字符串处理函数

字符串处理函数有很多。例如，前面介绍过 strlen ()、strcat ()、strcpy ()、strcmp () 等函数。以下介绍另外一些常用的字符串处理函数，不难发现，很多函数的形参和结果都是指针表现形式。

1. 在字符串中查找指定字符的首次出现位置

原型：

```
char * strchr(const char *s,int c);
```

功能：用来找出参数 s 字符串中第 1 个出现参数 c 的地址，如果找到指定的字符，则返回该字符所在地址；否则返回 0。

【例 9-12】查找某字符首次出现的位置

程序代码如下：

```
#include <stdio.h>
#include <string.h>
void main()
{
    char *s = "199771 香港回归 !";
    char *p;
    p = strchr(s,'9');
    printf("%p\n",s);        // 输出 s 指向的地址值
    printf("%p\n",p);        // 输出 p 指向的地址值
    printf("%s\n",s);
    printf("%s\n",p);
    printf("%p\n",strchr(s,' 港 '));
}
```

【运行结果】

```
00422024
00422025
199771 香港回归 !
99771 香港回归 !
0042202D
```

说明

> 运行结果中输出的具体地址值并不是固定的, 因为内存分配是由系统动态决定的, 但地址之间的相对位置差值是固定的。从输出结果可以看出, strchr (s, '9') 查找返回结果是字符 '9' 第 1 次出现的位置, 和字符串 s 的地址只差 1 个字节的存储单元。从最后输出的查找字符 ' 港 ' 的地址可以推算, 每个汉字要占用多个字节的存储空间, 一般汉字占 2 个字节, 这里 "香" 字占了 2 个字节, 注意, "香" 字前面还有一个空格字符。

2. 从字符串中查找子字符串

strstr () 函数用来检索子字符串在字符串中首次出现的位置。

原型:

```
char *strstr(char *str,char * substr);
```

其中, 参数 str 为要检索的字符串; 参数 substr 为要检索的子字符串。函数返回字符串 str 中第 1 次出现子字符串 substr 的地址; 如果没有检索到子字符串, 则返回 NULL。

【例 9-13】 利用 strstr () 函数查找子字符串

程序代码如下:

```
#include<stdio.h>
#include<string.h>
void main()
{
    char *str = "C language programming";
    char *substr = "age";
    char *s = strstr(str,substr);
```

```
    printf("%s\n",s);
}
```

【运行结果】

```
age programming
```

3. 字符串转小写和字符串转大写

原型：

```
char *strupr(char *str);
char *strlwr(char *str);
```

功能：strlwr () 函数是将字符串内的所有字母全部转换成小写；strupr () 函数是将字符串内的所有字母全部转换成大写。参数 str 为要转换的字符串，函数的返回值均为 str。

📢 注意

这两个函数不会创建一个新字符串返回，而是将原有字符串进行转换并返回。所以参数字符串应该是可以改变的，即必须是字符数组，不能是字符串常量。

【例 9-14】将整个字符串全部转换成大写或小写

程序代码如下：

```
#include <stdio.h>
#include <string.h>
void main()
{
    char str[] = "Welcome to ECJTU";
    char *str2 = "Good Bye!";              // 指针指向字符串常量
    printf("%s\n",strlwr(str));
    strupr(str);
    printf("%s\n",str);
    //printf("%s\n",strlwr(str2));         // 非法使用，字符串常量不能被修改
}
```

【运行结果】

```
welcome to ecjtu
WELCOME TO ECJTU
```

4. 求字符串的逆串函数

原型：

```
char * strrev(char *str);
```

功能：对参数传入的字符串进行求逆串。调用该函数后参数的内容和函数返回值均为逆串值。该函数的参数字符串也不能是字符串常量。

例如：

```
char str[10] = "Good";
printf("%s",strrev(str));          // 结果为 dooG
printf("%s",str);                  // 结果为 dooG
```

【例 9-15】输入一个字符串，判断其是否为回文

输入一个字符串，判断其是否为回文，是回文输出 yes；否则输出 no。

【分析】回文就是顺读和反读都一样的字符串。C 语言的库函数中提供 strrev () 函数求一个字符串的逆串，这个函数会将传递的参数字符串转化为逆串，所以，要使用 strcpy () 函数将原始的字符串保存到另一个代表字符串的变量中。

程序代码如下：

```
#include <stdio.h>
#include <string.h>
void main()
{
    char x[80],y[80];
    printf("请输入一个字符串");
    gets(x);
    strcpy(y,x);                   // 将 x 复制到 y
    strrev(x);                     // 求 x 的逆串
    if(strcmp(x,y)==0)             // 比较 x 和 y 是否相等
        printf("yes");
    else
        printf("no");
}
```

5. 设置字符串中字符

原型：

```
char *strset(char *s,char c);
```

功能：把字符串 s 中的所有字符都设置成字符参数 c，返回指向 s 的指针。由于要更改参数字符串内容，因此该函数的第 1 个参数也不能是字符串常量。例如：

```
#include <stdio.h>
#include <string.h>
void main()
{
    char str[] = "Good Bye!123";
    strset(str,'X');
    printf("%s\n",str);
}
```

【运行结果】

XXXXXXXXXXXX

9.4　二维指针

9.4.1　指向指针的指针

　　指向指针的指针是一种多级间接寻址方式，称为二维指针。定义一个指向指针的指针时，第 1 个指针的值为第 2 个指针的地址，第 2 个指针指向某个相应类型变量的地址。

　　下面声明一个指向 int 型指针的指针变量。

```
int **p;
```

　　可以分解来理解，p 代表第 1 个空间（指针），类型为 int **；*p 代表第 2 个空间（指针），类型为 int *；**p 代表第 3 个空间（指针），类型为 int。

　　【例 9-16】对指向指针的指针访问

　　程序代码如下：

```
#include <stdio.h>
void main()
{
    int var = 100;
    int *ptr;
    int **pptr;
    ptr = &var;            // 获取 var 的地址
    pptr = &ptr;           // 获取 ptr 的地址
    printf("Value of var = %d\n",var);
    printf("Value available at *ptr = %d\n",*ptr);
    printf("Value available at **pptr = %d\n",**pptr);
    printf("Address of var = %p\n",ptr);
    printf("Address of ptr = %p\n",pptr);
}
```

　　【运行结果】

```
Value of var = 100
Value available at *ptr = 100
Value available at **pptr = 100
Address of var = 0018FF44
Address of ptr = 0018FF40
```

　　🗒 说明

　　本程序中指向指针的指针的各变量之间的关系示意图如图 9-3 所示。其中，**pptr 是二维指针；*ptr 是一维指针；var 是普通类型变量。

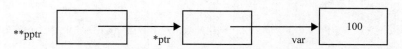

图 9-3　指向指针的指针的各变量之间的关系示意图

9.4.2　指针数组

如果指针变量为一个数组，则构成指针数组。例如：

```
int *ap[];
```

其等价于 "int * (ap [])；"，即数组 ap 的每个元素是一个 int 型的指针。

而 "char *s [];" 代表数组的每个元素是一个指向字符的指针，即数组的每个元素为一个字符串。

【难点辨析】字符指针数组与 char s [] [10] 这样的二维字符数组的差别是：二维字符数组每行的列数是 10 个字符，列元素个数是固定的；而字符指针数组每行是一个字符串，但这个字符串的长度不固定，换句话说，字符指针数组相当于 "可变列长" 的二维字符数组。

【例 9-17】将一组英文单词按字母顺序（从小到大）进行排序

【分析】排序函数 sort () 的参数，可以用字符指针数组 s 表示要排序的英文单词。另外，安排一个代表数组元素个数的整型参数 n。

程序代码如下：

```c
#include <stdio.h>
#include <string.h>
/* 对字符指针数组 s 中的 n 个字符串按字母顺序进行排序 */
void sort(char *s[],int n)
{
    int i,j,k;
    for(i=0; i<n-1; i++)            // 选择排序
    {
        k = i;
        for(j=i+1; j<n; j++)
            if(strcmp(s[k],s[j])>0)
                k = j;
        if(k!=i)
        {
            char * temp = s[i];    // 交换两个指针变量的地址内容
            s[i] = s[k];
            s[k] = temp;
        }
    }
}

void main()
{
    char *ws[] = {"hello","paper","book"};
    int i,n = 3;
    sort(ws,n);                     /* 调用函数，对字符指针数组 ws 中的 n 个字符串进行排序 */
    for(i=0; i<n; i++)
        printf("ws[%d]=%s\n",i,ws[i]);
}
```

【运行结果】

```
ws[0]=book
ws[1]=hello
ws[2]=paper
```

📄 说明

这里采用字符指针数组存放一组英文单词，其存储关系示意图如图 9-4 所示，每个数组元素是一个指向字符串常量的指针。本例演示了通过指针数组元素值的变化实现对这些字符串的排序，排序过程中数据的交换是采用交换两个指针的值实现。

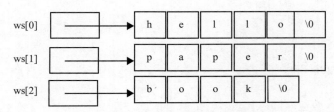

图 9-4　字符指针数组的存储关系示意图

【例 9-18】输入月份，输出该月份的英文名

输入月份，输出该月份的英文名。例如，输入 3，则输出 March。

【分析】该例题在第 7 章已经遇到过，当时是使用二维数组表示各个月份的名称，固定给每行的字符串分配 10 个存储单元，因为有些月份名称没有这么长，造成了存储浪费。现在使用字符串指针的数组表示，则可以避免这样的浪费，数组的每个元素是一个指向字符串常量的指针，而且每个字符串常量的长度不限，如此表达更为灵活。采用循环让用户可以重复输入月份进行检索，最后输入 0 结束程序。

程序代码如下：

```c
#include <stdio.h>
void main()
{
    char *month[] ={"January","February","March","April","May","June",
        "July","August","September","October","November","December"};
    int n;
    printf("please input month:(1-12)\n");
    printf("key in 0: exit\n");
    scanf("%d",&n);
    while(n!=0)
    {
        if((n<=12)&&(n>=1))
            printf("Month:%2d --> %s.\n",n,month[n-1]);
        else
            printf("illegal Month.\n");
```

```
        scanf("%d",&n);
    }
}
```

【运行结果】

```
please input month:(1-12)
key in 0: exit
5
Month:5 --> May.
2
Month:2 --> February.
15
illegal Month.
0
```

9.4.3　二维数组与指针

对二维数组而言，数组名同样代表着数组的首地址。

设有以下数组和指针：

```
int a[3][4],*p;
```

则"p=a""p=a [0]""p=&a [0] [0]"均可以将指针 p 指向数组的首地址。

计算机内存空间是线性编址的，在C语言中，二维数组 a [3] [4] 实际上是按行"一维"编址的，a 数组由 3 个一维数组 a [0]、a [1]、a [2] 构成。每个元素 a [i] 又是一个一维数组，包含 4 个元素。如果数组的起始地址是 a，则元素 a [2] [3] 的地址是 a+ (2*4+3)*sizeof (int)，其中，4 为二维数组的总列数。

1. 指针和下标访问二维数组的等价表示

由于指针与数组在表示形式上的等价性，一级指针对应着一维数组，对于一维数组 a，其指针访问形式 * (a+i) 等价于下标变量 a [i]。

对于二维数组 a，在地址及内容访问上存在以下关系。

（1）a 表示二维数组的首地址，即第 0 行的首地址。

（2）a+i 表示第 i 行的首地址。

（3）a [i] 等价于 *(a+i)，表示第 i 行第 0 列的元素地址。

（4）a [i]+j 等价于 *(a+i)+j，表示第 i 行第 j 列的元素地址。

（5）*(a [i]+j) 等价于 *(*(a+i)+j)，也等价于 a [i] [j]。

二维数组可以看作一维数组指针变量。对应二维数组在定义表示上可能有各种组合情形。

对于语句 x [2] [3]='a'; 中的 x，其实际类型可能为以下情形。

（1）char x [3] [4];　// 标准二维数组

（2）char　(*x)[4];　　　　　// 定义数组指针，指向含 4 个元素的字符数组

（3）char　*x [3];　　　　　// 定义含 3 个元素的字符指针数组

（4）char　**x;　　　　　　// 指针的指针

2. 指针数组和数组指针的概念辨析

指针数组和数组指针是两个不同概念。指针数组是指所定义数组的每个元素都是一个指针，而数组指针是指针所指向目标是一个固定大小的数组。

例如：

```
char *p[10];          // 定义含 10 个元素的指针数组，每个元素指向的目标是动态的
char(*pa)[10];        // 定义一个数组指针指向含 10 元素的字符数组。指针内容指向含 10 个元
                      // 素的字符数组，指针变量的每次增值（pa++）将是 10 个字节
```

下面以整数类型的指针为例，来演示指针数组和数组指针的存储差异。

```
#include <stdio.h>
void main()
{
    int (*x1)[10];      // 定义数组指针
    int  *x2[10];       // 定义指针数组
    printf("%p,%p\n",x1,x1+1);
    printf("%p,%p\n",x2,x2+1);
}
```

【运行结果】

```
CCCCCCCC,CCCCCCF4
0018FF1C,0018FF20
```

可以看出，数组指针 x1 是一个指针，它指向一个数组，这个数组含 10 个整数，所以 x1 的地址增值变化是 40 个字节（十六机制 CC 和 F4 之间相差 40）。而指针数组 x2 是一个数组，它的每个元素是一个指向整数的指针，元素间地址的增值变化是一个整数（4 个字节）。两者的存储关系示意图如图 9-5 所示。其中，带阴影的方格中代表其对应的存储空间中存放的是整数。

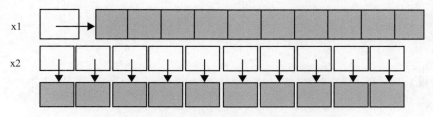

图 9-5　数组指针和指针数组的存储关系示意图

数组指针和指针数组的另一个差异是它们的增值允许情况。

x1 和 x2 分别是前面代码中定义的数组指针与指针数组，自增运算的区别如下。

```
x1++;                          // 允许
x2++;                          // 不允许
```

【难点辨析】数组指针是一个指针，其指向的目标是一个数组，指针每次增值将指向另一个数组。而指针数组本质上是数组，不能对其增值，该数组中每个元素是一个指针。当然，这里指针数组 x2 中每个元素指向的目标可以是一个整数，也可以是一个整型数组。例如，例 9-17 中的指针数组 ws 每个元素的指向目标就是一个字符数组。

指针数组和数组指针对初学者容易混淆，可以从运算符的优先级理解，中括号的优先级要高于星号，所以，*x2 [10] 优先将 x2 看作数组，然后数组的每个元素类型是指针，而 (*x1) [10] 是利用小括号强调 x1 是个指针，指针指向目标是一个数组。

【例 9-19】实现 3×3 整型矩阵的转置

程序代码如下：

```
#include <stdio.h>
void main()
{
    void move(int *pointer,int n);        // 函数声明
    int a[3][3],*p,i;
    printf(" 输入 3 行 3 列的矩阵：\n");
    for(i=0;i<3;i++)
      scanf("%d %d %d",&a[i][0],&a[i][1],&a[i][2]);
    p = &a[0][0];
    move(p,3);
    printf(" 转置后的矩阵如下：\n");
    for(i=0;i<3;i++)
      printf("%d %d %d\n",a[i][0],a[i][1],a[i][2]);
}

void move(int *pointer,int n)     // 实现 n×n 的矩阵转置
{
    int i,j;
    for(i=0;i<n;i++)
        for(j=i;j<n;j++)
        {
            int t = *(pointer+n*i+j);
            *(pointer+n*i+j)=*(pointer+n*j+i);
            *(pointer+n*j+i)=t;
        }
}
```

【运行结果】

输入 3 行 3 列的矩阵：
1 2 3
4 5 6
7 8 9
转置后的矩阵如下：
1 4 7
2 5 8
3 6 9

✍ **说明**

> 程序演示了如何通过指针定位访问二维数组的元素。特别要注意循环变量 j 的初值是从 i 开始，为了实现矩阵转置，只要针对矩阵的上三角区域的元素进行遍历访问，让其与下三角区域的对应元素进行交换。应该说，采用指针的表示形式，整个程序的可读性没有直接采用下标表示法清晰。

【思考】如果对矩阵的所有元素进行遍历访问，全部交换完毕后，整个矩阵会有变化吗？

9.5　指针与函数

9.5.1　从函数返回指针

函数返回结果为指针类型的例子在字符串与指针部分已经遇到过，函数的返回结果往往和某个参数是同一个目标。下面是来自 C 语言函数库的一些函数，返回结果均为指针。

（1）char *strrev (char *str)：求逆串。

（2）char *strupr (char *str)：转大写。

（3）char *strstr (char *str, char * substr)：查找子字符串。

函数返回指针和参数指向相同目标的好处是它们会和实参数据关联。通过函数调用实现对字符串和数组等实参数据的各类访问处理。

如果从函数返回的批量数据不是来自参数，则一般将数据存放到数组中，通过返回指向数组的指针作为函数返回结果。这种情况下设计函数时要小心。

下面的函数会生成 10 个随机数存放到数组中，并使用指针返回数组。

【例 9-20】利用函数产生一组随机数

利用函数结果将产生的 10 个随机数返回给调用者。

程序代码如下：

```
#include <stdio.h>
#include <time.h>
#include <stdlib.h>
/* 要生成和返回随机数的函数 */
int * getRandom()
{
    static int r[10];
    int i;
    srand((time(NULL)));          // 设置种子
    for(i = 0; i < 10; ++i)
        r[i] = rand()%100;        // 产生100以内的随机数
    return r;
}

void main()
```

```
{
    int *p,i;
    p = getRandom();                    // 得到一组随机数
    for(i = 0; i < 10; i++)
        printf("*(p + [%d]):%d\n",i,*(p + i));
}
```

说明

> 在函数 getRandom () 中，定义数组 r 时加上了 static 修饰符，即采用静态存储形式。没有加上 static 修饰符的数组不宜作为结果让函数通过指针带回，其原因在于函数执行结束后，所有局部变量会释放其所分配的空间，因此，在函数调用完毕后，通过指针再去访问相应的数组元素也就不是真实数据。

【思考】观察程序的运行结果，看函数内产生的随机数是否被函数通过指针带回结果。然后，删除 static 修饰符，观察结果有何变化？

9.5.2　函数指针

在程序中定义了一个函数，那么编译系统就会为这个函数代码分配一段存储空间，这段存储空间的首地址称为该函数的地址。这个地址可以定义一个指针变量存放，称为函数指针。函数指针可以让程序执行的具体函数是动态可变的，从而方便编写一些通用程序。

先看个简单的引例。

```
void echo(const char *msg)              // 普通函数
{
    printf("%s",msg);
}
void main()
{
    void (*p)(const char*)= echo;       // 函数指针变量 p 指向 echo() 这个函数
    p("Hello ");                        // 通过函数指针 p 调用函数，等价于 echo("Hello")
    echo("World!\n");                   // 直接调用 echo() 函数
}
```

【运行结果】

```
Hello World!
```

1. 函数指针的定义与赋值
函数指针的定义就是将"函数声明"中的"函数名"改成"（* 指针变量名）"。
例如：

```
int (*fp)(int,int);
```

这条语句就定义了一个指向函数的指针变量 fp。注意，小括号不可省，如果没有小括号，就变成一个返回值类型为指针型的普通函数的声明。(*fp) 意味着函数名是一个指针变量，可以通过给其赋值的办法让其指向某个具体函数。

例如，以下语句将 max () 函数的地址赋值给函数指针变量 fp。

```
fp = &max;
```

还可以直接将函数名赋值给函数指针变量 fp。

```
fp = max;
```

2. 通过函数指针调用函数

使用函数指针 fp 调用实际函数的形式为

```
(*fp)（实际参数表）;
```

也可以简写成以下形式：

```
fp（实际参数表）;
```

其中，fp 是已赋值的函数指针变量，也就是实际调用的函数为某个具体函数。

【例 9-21】使用函数指针进行字符串处理

程序代码如下：

```
#include <stdio.h>
#include <string.h>
char * bigger(char * p1,char * p2)
{
    int i = 0;
    i = strcmp(p1,p2);
    if(i > 0)
        return p1;
    else
        return p2;
}

void main()
{
    char *(*pf)(char * p1,char * p2);    // 函数声明
    char *res;
    pf = &bigger;
    res =(*pf)("x1","x2");                // 等价于 bigger("x1","x2")
    printf("%s\n",res);
    res = pf("aa","bb");                  // 等价于 bigger("aa","bb")
    printf("%s\n",res);
}
```

【运行结果】

```
x2
bb
```

在实际应用中，经常利用函数指针设计通用函数，将函数指针作为其形参，其对应的实参就是要执行的具体函数。

【例 9-22】计算某个函数 $f(x)$ 在区间 $[a, b]$ 上的最大值

可以设计一个通用的函数 **findMax** ()，其包括 $f(x)$、a、b 3 个参数，函数声明如下：

```
double findMax(double(*f) (double) double a,double b);
```

假设函数计算在区间 $[a, b]$ 内按步长 0.1 取值变化。

程序代码如下：

```
#include <stdio.h>
#include <math.h>
double findMax(double (*f)(double),double a,double b)
{
    double x,result = f(a);
    for(x=a;x<=b;x+=0.1)
        if(result<f(x))
            result=f(x);
    return result;
}

void main()
{
    double (*fun)(double);                   // 定义函数指针变量 fun
    fun = &sqrt;
    printf("%f\n",findMax(fun,1.0,5.0));      // 计算 sqrt(x) 在 [1,5] 区间的最大值
    printf("%f\n",findMax(exp,0,1));          // 计算 exp(x) 在 [0,1] 区间的最大值
}
```

【运行结果】

```
2.236068
2.718282
```

📢 **注意**

例 9.22 中作为形参的函数指针 f，在其参数说明中声明的参数和返回值均为 double 型，实际调用时，传递的实参要与函数指针定义的参数类型一致。如果将本例函数指针的参数定义为 float 型，则结果会不正确，因为 C 语言函数库中的 sqrt () 函数和 exp () 函数的参数与返回值均为 double 型。

3. 认识函数指针数组

在某些特殊应用场景中，函数指针还可以是一个数组。例如：

```
int (*pf[2])(int,int);
```

假设有两个具体函数 add () 和 max ()，分别实现两个整数的相加运算和求最大值。

```
int add(int x,int y)
{
    return x+y;
}
int max(int x,int y)
{
    return x>y?x:y;
}
```

以下通过设置和访问数组元素实现函数调用。

```
pf[0] = add;
printf("%d\n",pf[0](2,3));        // 输出结果为 5，相当于 add(2,3)
pf[1] = max;
printf("%d\n",pf[1](2,3));        // 输出结果为 3，相当于 max(2,3)
```

9.6　指针与动态内存分配

在 C 语言中用一个称为堆的存储区域实现动态内存分配。动态内存分配就是按照自己想法分配内存，避免造成空间浪费。C 语言提供了 malloc () 函数和 free () 函数动态分配与释放内存。这两个函数均在 stdlib.h 头文件中。

malloc () 函数的形态如下：

```
void * malloc(unsigned size);
```

功能是向系统申请分配一块连续的 size 个字节的内存区域，返回结果类型 "void *" 代表指向该区域的指针。void 类型的指针可以和其他类型的指针互相赋值，指向 void 的指针相当于通用指针的作用。一般情况下用强制转换将 void 指针赋值给其他类型的指针变量。

以下代码用指针指向一块动态分配的内存空间，然后通过指针引用访问该空间。

```
int *a;                               // 定义一个指向 int 型数据的指针变量 a
a =(int *)malloc(20 * sizeof(int));   // 给 a 分配 20 个元素的空间
a[0] = 1;                             // 按数组下标形式访问元素空间
a[1] = 2;
printf("%d,%d,%d\n",a[0],a[1],a[2]);
free(a);                              // 释放 a 占用的空间
```

【运行结果】

```
1,2,-842150451
```

✐ 说明

程序中通过 malloc () 函数分配 20 个供 int 型数据存放的空间。在分配的 20 个元素的空间中，只有前两个元素进行了赋值，第 3 个元素的输出结果为 -842150451，是一个随机产生的值。

9.7 main () 函数的参数

1. 命令行参数

在 DOS 操作系统提示符下，输入的操作命令称为命令行，命令行的一般形式如下：

命令名 ［参数 1］ ［参数 2]…［参数 n]

🖋 **说明**

> 格式中的方括号表示参数是可选择的内容。命令名和参数之间用空格隔开，如果参数中含有空格，则需要用双引号将参数括起来。

例如：

C>COPY file1.txt file2.txt

其中，C> 为 DOS 提示符；COPY 为命令名；file1.txt 和 file2.txt 为命令行参数。

2. 如何编写带命令行参数的 C 语言程序

在 C 语言中，可以通过 main () 函数的参数获取命令行参数提供的数据。支持命令行参数的 main () 函数的形态如下：

```
int main(int argc,char *argv[])
{ ...
}
```

其中，第 1 个参数 argc 是 int 型，表示参数个数；第 2 个参数 argv 是指向字符型的指针数组，用来获取从命令行提供的各个参数。参数个数中包括命令名本身，在运行 C 语言程序时，由系统自动计算出参数的个数。参数数组中第 1 个元素 argv [0] 是命令名，第 2 个元素开始才是实参。

3. 在 Visual C++ 6.0 环境下如何调试带命令行参数的程序

在"工程"下拉菜单中选择"设置"菜单项，进入如图 9-6 所示的对话框界面，然后选择"调试"选项卡，在对话框的"程序变量"部分填写命令行参数，注意参数之间用空格隔开。最后，单击"确定"按钮即可。程序运行时将读取命令行参数。

【例 9-23】从命令行参数中获取两个正整数，并计算这两个正整数的和

【分析】可以设计一个函数将一个数字字符串转换为一个整数，当参数字符串中含有非数字字符时，函数返回结果为 -1，否则，函数返回结果为分析转换后的整数。从命令行参数获取该函数调用需要的实参，通过调用函数得到

图 9-6 在 Visual C++ 6.0 调试环境中提供命令行参数

两个正整数并完成两个正整数的相加。

程序代码如下：

```
#include <stdio.h>
/* 以下函数将数字字符构成的字符串转换为整数 */
int convert(char *s)
{
    int n = 0;
    while(*s != '\0')
    {
        if(*s<'0' || *s>'9')          // 遇到非数字字符函数结果为-1
            return -1;
        n = n*10 +(*s-'0');
        s++;
    }
    return n;
}

int main(int argc,char *argv[])
{
    if(argc>2)
        printf("sum=%d\n",convert(argv[1])+ convert(argv[2]));
    else
        printf(" 请在命令行中命令后面提供两个正整数参数 !\n");
    return 1;
}
```

【思考】如果函数参数允许出现负整数，那么如何修改函数的设计？

习　　题

一、选择题

（1）以下对字符串类型变量的错误定义形式为（　　　）。

　　A. char *a [] = "hello";

　　B. char a [20] = "hello";

　　C. char a [] = {'a', 'b', 'c'};

　　D. char *a = "hello";

（2）下列程序的进行结果为（　　　）。

```
main()
{ int a[] = {1,2,3,4,5};
   int *p = a;
   (*p)++;
   printf("%d,%d",*p,*(p+2));
}
```

A. 1, 3   B. 2, 3   C. 2, 4   D. 1, 2

（3）以下程序的运行结果为（   ）。

```
int a=5,*p;
p = &a;
*p = 15;
a++;
printf("%d\n",*p);
```

A. 5   B. 15   C. 6   D. 16

（4）以下函数的返回结果类型是（   ）。

```
char *f(char *x)
{ *x = '0';
  return x;
}
```

A. 与参数 x 的类型相同   B. void 型

C. 字符型   D. 无法确定

（5）已知 p1、p2 为 int 型的指针变量，a 为 int 型数组名，x 为 int 型变量，下列赋值语句中不正确的是（   ）。

A. p1 = &x; p2 = p1;   B. p1 = a;

C. p2 = &a;   D. p1 = x;

（6）以下程序的运行结果为（   ）。

```
#include <stdio.h>
void main()
{
    char a[] = "hello";
    a = "bye";
    printf("%s",a);
}
```

A. bye   B. hello

C. 编译出错   D. 运行出错

（7）以下程序的运行结果为（   ）。

```
#include <stdio.h>
void main()
{
    char *a = "hello";
    a = "bye";
    printf("%s",a);
}
```

A. bye   B. hello

C. 编译出错   D. 运行出错

（8）以下程序的运行结果为（   ）。

```
#include <stdio.h>
void main()
```

```
    {
        char a[] = "hello";
        *(a+1)= 'X';
        printf("%s\n",a);
    }
```

A. hXello   B. hello

C. 编译出错   D. 运行出错

（9）以下程序的运行结果为（   ）。

```
#include <stdio.h>
void main()
{
    char *a = "hello";
    *(a+1)= 'X';
    printf("%s\n",a);
}
```

A. hXello   B. hello

C. 编译出错   D. 运行出错

（10）以下程序的输出结果为（   ）。

```
int a[3],*p = a;
printf("%d\n",&a[2]-p);
```

A. 3   B. 2   C. 1   D. 不确定

（11）若有以下程序段：

```
int b[4],*p,*q;
p = &b[1];
q = &b[3];
```

则 p-q 表示的意义是（   ）。

A. p 和 q 之间的数据个数   B. p 占用的字节个数

C. 表达式错误   D. p 和 q 之间的字节个数

（12）若有定义"int b [3] [4];"，则对数组元素 b [2] [3] 不正确的引用是（   ）。

A. * (b [2]+3)   B. * (* (b+2)+3)   C. (* (b+2)) [3]   D. * (b+2) [3]

（13）若有定义"char x [10], *p=x;"，则以下正确的赋值是（   ）。

A. x [0]="hello";   B. x="hello";

C. *p="hello";   D. p="hello";

（14）变量的指针，其含义是指该变量的（   ）。

A. 值   B. 地址   C. 名   D. 一个标志

（15）以下程序的运行结果为（   ）。

```
char *s = "abcde";
s += 2;
printf("%d",s);
```

A. cde   B. 字符 c   C. 字符 c 的地址   D. 99

（16）下面循环的执行次数是（　　）次。

```
char *s = "\ta\018bc";
for(; *s!='\0'; s++)
    printf("*");
```

A. 5　　　B. 8　　　C. 7　　　D. 6

（17）以下程序的运行结果为（　　）。

```
int x[] = {1,2,3};
int *p = x;
*(p+1)= 8;
p++;
printf("%d\n",*p);
```

A. 8　B. 3　C. 2　　D. 1

（18）以下程序的运行结果为（　　）。

```
main()
{ int a=1,b=3,c=5;
  int *p1=&a,*p2=&b,*p=&c;
  *p =*p1*(*p2);
  printf("%d\n",c);
}
```

A. 1　　　　B. 2　　　C. 3　　　D. 5

（19）若有以下函数首部：

```
int fun(double x[10],int *n)
```

则下面针对此函数的函数声明语句中正确的是（　　）。

A. int fun (double x, int *n);　　B. int fun (double, int);

C. int fun (double *x, int n);　　D. int fun (double *, int *);

（20）有以下程序：

```
#include <stdio.h>
void change(int k[]){ k[0]=k[5]; }
main()
{ int x[10]={1,2,3,4,5,6,7,8,9,10},n=0;
  while(n<=4){ change(&x[n]); n++; }
  for(n=0; n<5; n++)  printf("%d",x[n]);
  printf("\n");
}
```

程序运行后的输出结果为（　　）。

A. 678910　　B. 13579　　C. 12345　　D. 62345

（21）有以下程序：

```
int add(int a,int b){ return(a+b); }
main()
{ int k,(*f)(),a=5,b=10;
  f=add;
  ...
```

}

则以下函数调用语句错误的是（　　　）。

A. k= (*f) (a, b);　　　　B. k=add (a, b);

C. k= *f (a, b);　　　　　D. k=f (a, b);

（22）若有定义语句：int a [4] [10], *p, (*q) [10];，其中，0≤i<4，则错误的赋值是（　　　）。

A. p=a　　B. q [i]=a [i]　　C. p=a [i]　　D. p=&a [2] [1]

二、写出下列程序的运行结果

程序 1：

```
#include <stdio.h>
main()
{
    int x[3][3]={1,2,3,4,5,6,7,8,9};
    int i=0,(*p)[3]=x,*q=x[0];
    while(i<3)
    {
            if(i==1)
               (*p)[i]=*q+2;
            else
                ++p,q++;
            i++;
    }
    for(i=0;i<=2;i++)
        printf("%2d",*(*(x+i)+i));
}
```

程序 2：

```
#include <stdio.h>
main()
{
    char x[][6]={"thank","hello","bye","hi"};
    int i;
    char *p[4],**s=p;
    for(i=0;i<4;i++)
        p[i]=x[i];
    printf("%c",*(*x+1));
    printf("%c",**++s+2);
    printf("%c",(*(p+2))[2]);
}
```

程序 3：

```
#include <stdio.h>
main()
{
    int x[2][3]={1,2,3,4,5,6};
    int *b[2],*c=x[0],k;
    b[0]=x[0];
    b[1]=x[1];
```

```
    for(k=0;k<2;k++)
        printf("%2d%2d\n",*b[k],c[k]);
}
```

程序 4:

```
#include <stdio.h>
char *convert(char *str)
{
    char *p=str;
    while(*p!='\0')
    {
        if(*p>='A' && *p<='Z')
            *p+='a'-'A';
        p++;
    }
    return str;
}
main()
{
    char s[80]="welcome to East China Jiaotong University!";
    puts(convert(s));
}
```

三、程序填空题

（1）将字符串 s1 中内容复制到字符串 s2 中。

```
#include <stdio.h>
main()
{
    char s1[80],s2[80],*p1,*p2;
    gets(    【1】    );
    p1 = s1;
    p2 = s2;
    while(*p2++=*p1++);
    printf("s2=%s\n",   【2】   );
}
```

（2）将输入的字符串按逆串输出。

```
#include <stdio.h>
#include <string.h>
main()
{
    char *str,s[20];
    int n;
    str =       【1】      ;
    printf(" 请输入一个字符串 ");
    scanf("%s",str);
    n = strlen(str);
    while(--n>=0)
    {
        str = &s[     【2】     ];
```

```
        printf("%c",*str);
    }
}
```

（3）删除字符串的所有前导空格。

```
#include <stdio.h>
void f(char *s)
{
    char *t;
    t =       【1】      ;
    while(*s ==      【2】      )
        s++;
    while(*t++=*s++);
}
main()
{
    char str[50];
    gets(str);
    f(str);
    puts(str);
}
```

（4）实现两个字符串按从小到大顺序输出。

方法 1：利用字符数组。

```
#include <stdio.h>
#include <string.h>
void main()
{
    char s1[10] = "hello";
    char s2[10] = "bye";
    if(strcmp(s1,s2)>0)
    {
        char s[10];
        strcpy(s,s1);
             【1】        ;
        strcpy(s2,s);
    }
    printf("%s,%s\n",s1,s2);
}
```

方法 2：利用字符指针。

```
#include <stdio.h>
#include <string.h>
void main()
{
    char *s1 = "hello";
    char *s2 = "bye";
    if(strcmp(s1,s2)>0)
    {
        char *s;
```

```
                    s = s1;
                    【1】        ;
                    s2 = s;
                }
            printf("%s,%s\n",s1,s2);
        }
```

四、编程题

（1）将从键盘输入的每个单词的第 1 个字母转换成大写字母，输入时各单词必须用空格隔开，用 "." 结束输入。

（2）从键盘输入一行英文句子，利用指针访问形式统计句子内的英文单词个数，每个英文单词由若干字母构成。句子中允许出现空格、逗号、分号及句号等分隔符。

（3）编写一个函数，将字符串的前导空格和尾部空格删除，从键盘输入一个字符串，其中包括前导空格和尾部空格，输出删除这些空格之后的字符串，并分别输出原始字符串和处理后的字符串的长度。

（4）编写一个函数，利用指针遍历的办法统计一个字符串中空格字符的个数，同时将字符串中的空格用 $ 符号替换。输入一个含有空格字符的字符串，调用函数，输出统计和替换结果。

（5）输入一行字符串，统计该字符串中子字符串 "the" 的个数。[提示：利用 strstr () 函数查找字符串中的子字符串]

（6）写一个用矩形法求定积分的通用函数，分别求以下两个积分：

$$\int_0^1 \sin x \mathrm{d}x, \int_0^1 \mathrm{e}^x \mathrm{d}x$$

（7）从命令行参数获取一个整数，求这个整数的各位数字之和。

第 10 章 枚举类型和结构体

本章知识目标：

☐ 了解枚举类型的定义与使用。

☐ 掌握结构体类型定义和结构体变量成员的引用形式。

☐ 了解结构体的初始化及空间大小计算。

☐ 掌握结构体作为函数参数的编程处理特点。

☐ 了解共用体的使用。

本章介绍几种特殊的数据类型，有枚举类型、结构体和共用体。枚举类型用于描述可以枚举的有序数据成员。结构体用于描述数据对象由若干数据项构成的数据结构。从编程角度，结构体对应面向对象程序设计语言中的类，类的数据成员对应结构体的数据项。而从数据管理角度，结构体成员正好对应关系数据库中关系表的字段。结构体和数组的结合则广泛应用于表达相同类型的批量数据。共用体的作用是通过共用存储的形式节省存储。

10.1 enum（枚举）

10.1.1 枚举类型和枚举变量的定义

枚举是 C 语言中的一种基本数据类型，它可以让数据更简洁、更易读。

1. 枚举类型

枚举语法定义格式为

```
enum  枚举名  {枚举元素 1，枚举元素 2，……};
```

每个枚举元素的名称必须符合标识符的规定。

例如，一星期有 7 天，使用枚举的方式：

```
enum DAY { MON=1,TUE,WED,THU,FRI,SAT,SUN };
```

📢》 **注意**

默认情况下，第 1 个枚举成员的默认值为整型的 0，后续枚举成员的值在前一个成员上加 1。在这个示例中把第 1 个枚举成员的值定义为 1，第 2 个就为 2，依次类推。

可以在定义枚举类型时改变枚举元素的值：

```
enum season {spring,summer=3,autumn,winter};
```

没有指定值的枚举元素，其值为前一个元素加 1。也就是说，spring 的值为 0，summer 的值为 3，autumn 的值为 4，winter 的值为 5。

2. 定义枚举类型的变量

定义枚举类型的变量可以通过以下 3 种方式。

方式 1：先定义枚举类型，再定义枚举变量。

```
enum DAY { MON=1,TUE,WED,THU,FRI,SAT,SUN };
enum DAY day;
```

方式 2：定义枚举类型的同时定义枚举变量。

```
enum DAY { MON=1,TUE,WED,THU,FRI,SAT,SUN} day;
```

方式 3：省略枚举名称，直接定义枚举变量。

```
enum { MON=1,TUE,WED,THU,FRI,SAT,SUN } day;
```

【例 10-1】枚举类型应用示例

程序代码如下：

```
#include<stdio.h>
enum DAY { MON=1,TUE,WED,THU,FRI,SAT,SUN };
void main()
{
    enum DAY day;
    day = WED;
    printf("%d",day);
}
```

【运行结果】

```
3
```

📢 注意

枚举变量的值是整数，不是字符串，输出时要用 "%d" 格式描述。

10.1.2　枚举类型数据的访问处理

1. 用 for 循环遍历枚举元素

在 C 语言中，枚举类型被当作 int 型或者 unsigned int 型处理。当枚举类型数据是连续时，可以用 for 循环遍历枚举的元素。

```
for(day = MON; day <= SUN; day++)
   printf(" 枚举元素：%d \n",day);
```

以下枚举类型不连续，这种枚举就无法用循环遍历访问。

```
enum { ENUM_0,ENUM_10 = 10,ENUM_11 };
```

2. 使用 switch 语句处理枚举类型数据

枚举类型数据在 switch 语句中的使用较为普遍。只要在 switch 语句的 case 中列出枚举元素的名称即可。

【例 10-2】使用 switch 语句处理枚举类型数据

程序代码如下：

```
#include <stdio.h>
#include <stdlib.h>
void main()
{
    enum color { red=1,green,blue };
    enum color favorite_color;
    printf("请输入你喜欢的颜色: (1. red,2. green,3. blue): ");
    scanf("%d",&favorite_color);
    switch(favorite_color)
    {
        case red: printf(" 哦，喜欢红色 \n"); break;
        case green: printf(" 哦，喜欢绿色 \n"); break;
        case blue: printf(" 哦，喜欢蓝色 \n"); break;
        default: printf(" 这些没你喜欢的颜色 \n");
    }
}
```

✍ 说明

> 在 switch 表达式中写枚举类型变量，case 中列出各个枚举值，它可以是枚举元素的名称，也可以是枚举元素对应的数值。

10.2　结构体

我们知道，数组用来存储相同类型的数据，结构体是 C 语言编程中另一种用户自定义的数据类型，它允许存储不同类型的数据项，它们被称为结构体的成员，结构体的成员可以是基本类型变量、数组、指针或者其他结构体。

10.2.1　定义结构体

1. struct 语句格式

struct 语句用来定义结构体，格式如下：

```
struct 类型名 {
    数据类型    成员名 1;
    数据类型    成员名 2;
    ...
} 变量列表 ;
```

其中，最后的分号不可省。结构体由若干成员构成，每个成员项由数据类型和成员名组成。定义结构体时后面的变量列表是可以省的，更常见的是定义好结构体类型后，再针对已定义的结构体类型定义变量。

例如，假设学生有姓名、年龄和性别 3 类信息，可以建立一个结构体。

```
struct student
{
    char name[20];
    int age;
    char sex[5];
};
struct student s1,s2;      // 定义 s1、s2 为结构体 student 类型的变量
```

这里 name、age 和 sex 为结构体的 3 个成员，结构成员也称为数据项或数据域。

📢 **注意**

> 这里 student 只是结构体的一个标识，**struct student** 联合在一起代表结构体 **student** 的一个类型。也许有读者觉得这样的表示形式有点儿长，利用后面将介绍的 typedef 语句可以给这个结构体类型起个别名，从而更方便使用。

2. 结构体定义的嵌套

在结构体定义中，结构体的成员可以包含其他结构体，也可以包含指向自己结构体类型的指针，而通常这种指针的应用是为了实现一些更高级的数据结构，如链表和树等。例如：

```
struct NODE                    // 链表的结点
{
    char string[100];
    struct NODE *next_node;
};
```

3. 无名结构体

如果定义结构体时直接给出了变量定义，还可以不需要给出结构体的类型名。例如：

```
struct
{
    int year;
    int month;
    int day;
} stu1,stu2;
```

📢 **注意**

> 该结构体无名称，stu1、stu2 是这种类型结构体的两个变量。

10.2.2　访问结构体成员

对结构体的操作是通过对其成员的访问实现。访问结构体成员可以使用成员访问运算符（.）或指针实现。下面不妨以前面定义的 student 结构体类型的变量为例进行说明。

1. 使用成员访问运算符访问结构体成员

成员访问运算符是指在结构变量名称和结构体成员之间加上一个点。例如：

```
struct student s;                  // 定义结构体类型的变量
s.age = 10;                        // 通过点操作符为 s 变量的年龄成员赋值
strcpy(s.name,"jacky");            // 为字符串成员 name 赋值
```

2. 使用结构指针访问结构体成员

使用结构指针的方式访问结构体成员要用到 -> 运算符。例如：

```
struct student s;
struct student *p = s;             // 通过指针指向该结构体变量
p->age = 10;                       // 通过指针加箭头的方式访问 age 成员
strcpy(p->sex,"male");             // 通过指针访问 sex 成员
```

10.2.3　结构体变量的初始化

与数组类似，结构体变量也可以在定义时通过初值表指定初值。初值表中的元素将按顺序给结构体的各个成员设置初值，各个初值的类型要与结构体成员的类型对应一致。

【例 10-3】 用初值表初始化结构体

程序代码如下：

```
#include <stdio.h>
/* 定义结构体描述图书的各项信息 */
struct Book
{
    char name[50];         // 书名
    char author[50];       // 作者
    char version[20];      // 版次
    char book_id[15];      // 书号
} book1 = {"C 语言 "," 王小兵 ","2019 年 1 月第 1 版 ","9787517188721"};
void main()
{
    printf("name: %s\nauthor: %s\nversion: %s\nbook_id: %d\n",
        book1.name,book1.author,book1.version,book1.book_id);
}
```

【运行结果】

```
name: C 语言
author: 王小兵
version: 2019 年 1 月第 1 版
book_id: 9787517188721
```

✐ 说明

> 本例在定义结构体的同时定义了一个相应类型的变量 book，并通过初值表给 book 的各个成员设置初值。由于结构体各个成员的类型不同，因此，初值表的各个数据项的类型也不同。代表书号的成员虽然由数字组成，但其数字位数超出整数的表示范围，所以选用字符串表示。

两个结构体类型的变量可以通过赋值实现数据成员的复制，但这两个结构体所代表的对象是不同的，赋值结束后，改变一个结构体对象的成员数据，不影响另一个结构体对象。

例如：

```
struct Book book2,book3;
strcpy(book2.name,"Java 语言 ");          // 设置 book2 的书名
book3 = book2;
strcpy(book3.author," 丁晓云 ");           // 修改 book3 的作者
strcpy(book2.author," 刘平 ");             // 修改 book2 的作者
printf("%s",book3.name);                   // 输出结果为 Java 语言
printf("%s",book3.author);                 // 输出结果为丁晓云
printf("%s",book2.author);                 // 输出结果为刘平
```

10.2.4　计算结构体的大小

要计算结构体的大小，必须理解结构体的内存对齐原则。

（1）第 1 个成员在与结构体变量偏移量为 0 的地址处。

（2）其他成员变量要对齐到某个数字的整数倍的地址处，这个数字被称为对齐数。对齐数是编译器默认的一个值（Visual C++6.0 中默认是 4 字节）与该成员自身大小中的较小值。

（3）结构体总大小为所有成员中最大对齐数的整数倍。

（4）如果嵌套了结构体，那么嵌套的结构体对齐到自己的最大对齐数的整数倍处，结构体的整体大小就是所有成员中（包含嵌套的结构体）最大对齐数的整数倍。

那么为什么会有内存对齐原则呢？主要是因为：①不是所有的硬件平台都可以访问任意地址上的任意数据；②处理器如果访问未对齐的内存需要访问两次，如果访问对齐的内存只需访问一次。

总的来说，结构体虽然浪费了一部分存储空间，但是可以提高处理速度。

以下为计算结构体大小的简单示例。

```
struct C1
{
```

```
    char a;
    int b;
    char c;
};
struct C2
{
    char a;
    char b;
    int c;
};
```

int 型成员要占用 4 个字节，根据内存对齐原则，可以算出 C1 的大小是 12 个字节（int 型成员的前后两个 char 型成员均要分配 4 个字节，总共 4+4+4），C2 的大小是 8 个字节（int 型成员的前面两个 char 型成员共分配 4 个字节，总共 4+4）。而两个结构体成员个数和大小都一样，只是因为位置不一样，因此，在声明结构体时，尽量把占用内存比较小的成员集中在一起，这样就有可能在一定程度上节省内存。

10.3　自定义数据类型名称

C 语言允许用户使用 typedef 关键字定义自己喜欢的数据类型名称，以替代系统默认的基本类型名称、数组类型名称、指针类型名称与用户自定义的结构体名称等。实际上，是给 C 语言现有数据类型重新起个名字，即自定义类型标识符。

一旦用户在程序中定义了自己的数据类型名称，就可以用新名称定义变量。

例如，C 语言在 C99 标准之前并未提供布尔类型，但可以用 typedef 关键字定义一个简单的布尔类型，程序代码如下：

```
typedef int BOOL;
#define TRUE 1
#define FALSE 0
```

定义之后，就可以像使用基本数据类型一样使用它了，程序代码如下：

```
BOOL flag = TRUE;
```

针对数组和指针也可以进行类型定义。例如：

```
typedef int ARRAY[100];            // 给 100 个元素的整型数组取个别名
typedef char * POINTER;
```

📢 注意

> typedef 给数组定义别名是将别名安排在数组名定义的位置。实际上，其他类型也是如此，都是在原来放置变量名的位置放置了别名。

以下是数组和指针的定义：

```
int a[100],b[100];
char *pa,*pb;
```

就可以写成：

```
ARRAY a,b;              // 直接用别名代表定义的数组
POINTER pa,pb;
```

📢 **注意**

> typedef 并不创建新的类型，它只是给已存在的类型起个别名。

以下是针对结构体类型起个别名。

```
struct LinkNode              // 定义结构类型——链表结点
{
    char *data;              // 数据内容为字符串
    struct LinkNode *next;   // 结构指针，指向下一个结点
};
typedef struct LinkNode *Node;
```

上面类型定义中 Node 这个别名就代表结构体 LinkNode 的一个指针类型。也就是说，Node 和 "struct LinkNode *" 的作用等价，但定义变量时，Node 和变量名之间一定要有空格。

10.4　使用结构体作为函数参数

结构体也可以作为函数参数，函数调用时参数传递方式与其他类型的变量类似。

1. 函数参数是结构体

【例 10-4】使用结构体作为函数参数

假设定义一个结构体 Person，其中包括 name（姓名）和 age（年龄）两个数据项，现在设计两个函数分别用来更改某人的年龄和姓名。观察函数定义与调用中参数的变化。

程序代码如下：

```
#include<stdio.h>
#include <string.h>
typedef struct
{
    char name[10];
    int age;
} Person;              // 定义结构体类型并通过 typedef 命名类型为 Person

void inc_age(Person x)
{
```

```
        x.age++;                                    // 年龄增加 1 岁
}

void change_name(Person x,char new_name[])          // 修改姓名
{
        strcpy(x.name,new_name);
        printf("%s,%d\n",x.name,x.age);             // 这行是为了演示变化安排的输出
}

void main()
{
        Person me;
        strcpy(me.name,"mary");
        me.age = 20;
        inc_age(me);                    // 增加年龄
        printf("%s,%d\n",me.name,me.age);
        change_name(me,"smith");    // 更改姓名
        printf("%s,%d\n",me.name,me.age);
}
```

【运行结果】

```
mary,20
smith,20
mary,20
```

说明

程序中试图通过 change_name () 函数修改某个 Person 的姓名，该函数中采用结构体作为第 1 个参数，从输出结果可以发现，在函数内姓名得到了修改，但是从函数调用后 main () 函数内的输出可以发现，作为实参的结构体成员的姓名没有变化。同样，在 inc_age () 函数中也没有修改来自实参结构体的数据。

2. 函数参数是结构体指针

使用结构体指针类型作为函数参数，形参的变化会影响实参。

将例 10-4 中的 inc_age () 函数修改如下：

```
void inc_age(Person *x)
{
        x->age++;
}
```

相应地，函数调用修改为

```
inc_age(&me);
```

则相应的运行结果变为

```
mary,21
```

【难点辨析】用单纯的结构体作为形参，它是采用按值传递方式进行参数传递，也就是将实参结构体的数据内容复制到形参所代表的结构体中。在函数中，形参内容变化不影响实参。指针形式的参数则传递的是引用地址，实参和形参操作的是同一个结构体，因此，形参对结构体内容的修改实际就是改动实参代表的结构体。

【思考】如果在 change_name() 函数中也使用结构体指针作为参数，应该如何修改程序？

10.5　结构体应用举例

【例 10-5】从键盘输入若干名学生的姓名、学号以及语数外 3 门课程的成绩并计算平均成绩

【分析】可以定义结构体表示每个学生的姓名、学号以及语数外 3 门课程的成绩，所有学生的成绩为一个结构体类型的数组。程序中引入一个符号常量 N 表示学生数量的上限，实际的学生数量在运行时输入给变量 n。通过 Input_Info() 函数完成学生信息输入和平均分计算，函数使用结构体类型数组传递学生信息。

程序代码如下：

```
#include<stdio.h>
typedef struct
{
    char name[10];              // 姓名
    char no[15];                // 学号
    int sc[3];                  // 3 门课程的成绩
    float aver;                 // 平均成绩
}STU;
void Input_Info(STU a[],int n);  // 获取输入数据的函数原型声明
#define N 10                     // 最多可存储的学生数

void main()
{
    int n;                      // 实际的学生数量
    STU a[N];                   // 学生数组，最多容纳 N 人
    printf(" 输入学生人数: ");
    scanf("%d",&n);
    Input_Info(a,n);            // 输入学生信息
}

void Input_Info(STU a[],int n)
{
    int i;
    for(i=0;i<n;i++)
    {
        printf("%dth stu( 姓名、学号、语数外 ):",i+1);
        scanf("%s%s%d%d%d",a[i].name,a[i].no,
                &a[i].sc[0],&a[i].sc[1],&a[i].sc[2]);
```

```
        a[i].aver=(a[i].sc[0]+a[i].sc[1]+a[i].sc[2])/3.0;  // 计算平均成绩
    }
}
```

📝 **说明**

> 每个学生的信息为一个结构体，而若干学生的信息则构成结构体数组，结构体和结构体数组的融合应用
> 广泛。结构体中成员可以是数组或结构体，从而实现各种嵌套结构。

【例 10-6】扑克牌的洗牌与发牌

【分析】将 52 张扑克牌（不包括大小王）按东、南、西、北分发。定义结构体描述每张扑克牌，其数据项包括扑克牌的花色和名称。其中，花色用一个字符表示，S 代表黑桃，D 代表方块，H 代表红桃，C 代表梅花。通过枚举类型定义扑克牌的名称和排列顺序。例如，黑桃 A 的花色为 S，名称为 _A。红桃 2 的花色为 H，名称为 _2。52 张扑克牌存入一个结构体类型的一维数组中，生成扑克牌给数组赋值时用一个二重循环实现，外循环控制花色，内循环控制每种花色 13 张扑克牌。使用枚举类型定义扑克牌名称的大小排列顺序，方便将来处理。扑克牌的排序既要考虑扑克牌的花色，即相同花色要放一块儿，又要考虑扑克牌的点值。

程序代码如下：

```
#include <stdio.h>
#include <stdlib.h>
#include <string.h>
#include <time.h>
/* 定义枚举类型描述扑克牌的点值 */
enum CardValue
{
    _2,_3 ,_4 ,_5,_6,_7 ,_8 ,_9,_10,_J ,_Q,_K ,_A
};

/* 定义结构体表示扑克牌信息 */
typedef struct
{
    char kind;                 // 扑克牌的花色
    enum CardValue value;      // 扑克牌的点值
} Card;

/* 通过函数给出扑克牌的描述信息，函数结果为一个字符串 */
char *des(Card *x)             // 参数为指向扑克牌结构类型的指针
{
    static char r[5];          // 用静态数组存放函数返回的字符串
    r[0] = x->kind;
    r[1] = ':';
    r[2] = '\0';
    switch(x->value)
    {
```

```
            case _A: strcat(r,"_A");break;
            case _2: strcat(r,"_2"); break;
            case _3: strcat(r,"_3");break;
            case _4: strcat(r,"_4");break;
            case _5: strcat(r,"_5");break;
            case _6: strcat(r,"_6");break;
            case _7: strcat(r,"_7");break;
            case _8: strcat(r,"_8");break;
            case _9: strcat(r,"_9");break;
            case _10: strcat(r,"_10");break;
            case _J: strcat(r,"_J");break;
            case _Q: strcat(r,"_Q");break;
            case _K: strcat(r,"_K");break;
        }
        return r;
    }


    /*  比较两张扑克牌的大小，为了方便扑克牌显示时的排序，将同一花色的扑克牌放一块儿，所以先比较花色，
    再比较点值。花色按字符大小进行比较，点值则按枚举次序进行比较
    */
    int compare(Card *a,Card *b){
        if(a->kind != b->kind)
            return(a->kind - b->kind)>0;                 // 先比较花色
        else
            return(a->value - b->value)>0;               // 花色相同，再比较点值
    }


    /*  交换两张扑克牌结构类型变量的内容。引入中间变量，将指针变量所引用的两张扑克牌的花色和点值进行
    交换
    */
    void swap(Card *a,Card *b){                          // 交换两张扑克牌类型变量的内容
        char c = a->kind;
        enum CardValue v = a->value;
        a->kind = b->kind;
        a->value = b->value;
        b->kind = c;
        b->value = v;
    }


    /* 将某个方位分到的13张扑克牌按花色、点值进行排列。数组 x 存放各个方位的扑克牌，整数 n 代表方位序号
    */
    void sort(Card x[][13],int n){
        int i,j;
        for(i=0;i<12;i++)
            for(j=i+1;j<13;j++)                          // 采用交换排序方法比较
            {
                if(compare(&x[n][i],&x[n][j])>0)        // 比较两张扑克牌的大小
                    swap(&x[n][i],&x[n][j]);            // 交换两张扑克牌
```

```
        }
}

void main()
{
    char type[] = {'C','D','H','S'};               // 扑克牌的花色类型
    Card poker[52];                                 //52 张扑克牌
    Card direction[4][13];                          //4 个方位分到的扑克牌
    int k,n;
    enum CardValue m;
    srand(time(NULL));

    /* 以下实现扑克牌数据的初始化 */
    for(k=0;k<4;k++)                                // 遍历各种花色
    {
        n = 0;
        for(m=_2;m<=_A;m++)                         // 各个点值
        {
            poker[k*13+n].kind = type[k];
            poker[k*13+n].value = m;
            n++;
        }
    }

    /* 以下实现洗牌 */
    for(n=0;n<1000;n++)
    {
        int r = 1 + rand()%51;                      // 随机挑选一张扑克牌与第 1 张交换
        Card temp = poker[0];
        poker[0] = poker[r];
        poker[r] = temp;
    }

    /* 以下将扑克牌分到 4 个方位 */
    for(n=0;n<4;n++)
        for(k=0;k<13;k++)
            direction[n][k]=poker[n*13+k];

    /* 以下对 4 个方位的扑克牌按花色、点值进行排列 */
    for(n=0;n<4;n++)
        sort(direction,n);

    /* 以下输出每个方位的扑克牌 */
    printf(" 东 \t\t 南 \t\t 西 \t\t 北 \n");
    for(k=0;k<13;k++)
    {
        for(n=0;n<4;n++)
            printf("%s\t\t",des(&direction[n][k]));
        printf("\n");
    }
}
```

【运行结果】

东	南	西	北
C:_4	C:_2	C:_6	C:_5
C:_9	C:_3	C:_8	C:_7
C:_Q	C:_10	C:_K	C:_A
D:_2	C:_J	D:_3	D:_Q
D:_5	D:_10	D:_4	D:_K
D:_8	D:_J	D:_6	H:_3
D:_A	H:_5	D:_7	H:_4
H:_2	H:_6	D:_9	H:_1
H:_7	H:_Q	H:_9	H:_J
H:_8	H:_K	H:_A	S:_2
S:_5	S:_4	S:_6	S:_3
S:_7	S:_10	S:_8	S:_J
S:_9	S:_A	S:_Q	S:_K

　　【深度思考】 函数 des () 根据扑克牌的信息给出扑克牌的字符串描述，注意函数中定义的字符数组要添加 static 修饰符才能作为函数的返回结果。该函数的设计还有其他一些替代方案。

　　方案 1：在函数中增加一个字符串类型的参数给出扑克牌的描述信息，实际字符串由实参定义。通过参数带回数据，这种方法在 C 语言编程中使用较多。

　　方案 2：在表示扑克牌信息的 Card 结构体中增加一个字符串类型的数据项用来给出扑克牌的描述信息，函数中只需设置该数据项的值。

　　本例综合应用了 C 语言的各种数据表示工具，包括枚举类型、结构体、指针和数组等。同时编写了丰富的函数对相关功能进行封装，包括扑克牌大小的比较，扑克牌的排序，两张扑克牌的交换，扑克牌的描述。将一些功能封装到函数中，可以让整个程序中 main () 函数的代码量变短，程序更加清晰。当然，本例中的这些函数仅仅是一次调用，如果要取消某些函数，请读者思考如何修改程序。

　　【例 10-7】 输出公交站的站点信息

　　编写程序，用链表的结构建立一条公交线路的站点信息，从键盘依次输入从起点到终点的各站站名，以 end 作为输入结束，输出这些站点信息。

　　【分析】 定义一个 Link 类型表示一个站点的信息，每个站点包括站点名称和下一个站点的指针，通过指针将所有站点链接起来形成链表。本例演示了动态链表的建立与链表的遍历访问处理方法。

　　程序代码如下：

```
#include <stdio.h>
#include <string.h>
typedef struct station
{
    char name[20];              // 站点名称
    struct station *next;       // 下一个站点
} Link;

Link *create();                 // 函数声明
void print(Link *h);
```

```
main()
{
    Link *head = NULL;              // 指向链表的首结点
    printf(" 请输入各个站点名称，以 end 结束：\n");
    head = create();                // 创建链表
    printf("-------------------------\n");
    print(head);                    // 输出链表
}
```

/* 以下函数获取输入数据建立链表，引入了 3 个指针变量，用 head 指向首结点，p1 和 p2 实现链表的相邻两个结点的推进
*/

```
Link *create()
{
    Link *head = NULL,*p1,*p2;
    char sname[20];
    scanf("%s",sname);
    while(strcmp(sname,"end")!=0)
    {
        p2 =(Link *)malloc(sizeof(Link));
        strcpy(p2->name,sname);
        p2->next=NULL;
        if(head==NULL)              // 用 head 指向首结点
            head = p2;
        else
            p1->next=p2;
        p1 = p2;
        scanf("%s",sname);
    }
    return head;
}
```

/* 以下函数输出链表的内容 */

```
void print(Link *h)
{
    Link *p=h;
    while(p!=NULL)
    {
        printf("->%s",p->name);
        p = p->next;
    }
}
```

【运行结果】

请输入各个站点名称，以 end 结束：
二道口
孔目湖
双港

```
end
---------------------------
-> 二道口 -> 孔目湖 -> 双港
```

【深度思考】本例演示了链表这种数据结构的应用。链表体现了结构体和指针的结合，通过建立链表，演示了动态存储分配编程的应用特点。在此基础上，读者可以进一步学习和研究链表的其他应用。例如，如何在已存在的链表中插入和删除数据成员。

10.6 共用体

10.6.1 共用体的定义

在 C 语言中，有一种和结构体非常类似的数据类型，叫作共用体（union），共用体有时也被称为联合或者联合体。它的定义格式为

```
union 共用体名
{
     成员列表
};
```

例如，以下共用体 data 中含有 2 个数据成员。

```
union data
{
    int n;
    double f;
};
```

以下是定义相应共用体类型的变量：

```
union data a,b;          // 定义共用体 data 型变量 a、b
```

也可以在定义共用体的同时，定义相应的变量。例如：

```
union data
{
    int n;
    double f;
} a,b;
```

与结构体类似，如果不需要再用该共用体定义其他变量，则可以在定义共用体时省略其名称。

```
union
{
    int n;
    double f;
} a,b;
```

当然，也可以先用 typedef 对共用体类型进行命名，然后再定义变量。

```
typedef union data
{
    int n;
    double f;
} UN;
UN a,b;
```

在共用体 data 中，成员 f 为 double 型变量，其占用的内存最多，为 8 个字节，所以 data 型变量 a、b 均占用 8 个字节的内存，如图 10-1 所示。

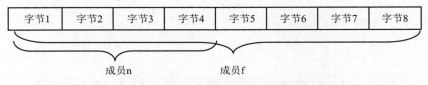

图 10-1　共用体的数据成员的存储覆盖

结构体和共用体的区别源于其存储上的差异。

（1）结构体的各个成员会占用不同的内存，互相之间没有影响；而共用体的所有成员占用同一段内存，修改一个成员的值会影响其余所有成员。

（2）结构体占用的内存大于等于所有成员占用的内存的总和，共用体占用的内存等于占用内存最多的成员的内存。共用体使用了内存覆盖技术，同一时刻只能保存一个成员的值，每次对某成员赋值，会把其他成员的值覆盖掉。

10.6.2　引用共用体的变量

共用体变量的引用与结构体类似，但要注意，共用体变量的地址和它的各成员的地址是同一地址，不能直接对共用体变量名赋值，也不能在定义共用体变量时对它初始化。

对于共用体变量的访问一般是通过引用共用体变量中的成员来实现。形式如下：

共用体变量名 . 成员名

【例 10-8】输出共同体的大小及其成员的起始地址

程序代码如下：

```
#include <stdio.h>
union data
{
    int n;
    char ch;
};
void main()
```

```
{
    union data a;
    printf("size=%d\n",sizeof(a));        // 输出共用体的大小
    a.n = 10;
    a.ch = '9';
    printf("%p,%p\n",&a.n,&a.ch);          // 输出两个成员起始地址
    printf("%d,%c\n",a.n,a.ch);
}
```

【运行结果】

```
size=4
0018FF44,0018FF44
57,9
```

✏️ **说明**

由于共用体成员共享存储，两个成员的起始地址相同。修改一个成员的值会影响其他成员，所以对成员 ch 赋值导致成员 n 的值发生了改变。

📢 **注意**

使用共用体时，在每一瞬时只能存放其中一个成员的数据。每次修改一个成员的数据后，其他成员的数据就失去意义了。

10.6.3 使用共用体作为函数参数

共用体作为函数参数与结构体的使用类似。直接使用共用体作为函数参数是按值传递参数，要实现按地址传递参数则要借助指针类型。由于共用体的特殊性，一般不把共用体作为函数参数。

【例 10-9】 使用共用体作为函数参数

程序代码如下：

```
typedef union
{
    int n;
    double y;
}UN;

void f(UN m)
{
    printf("m.n=%d\n",m.n);
    m.n=4;                    // 在函数中修改成员 n 的值
}
```

```
void main()
{
    UN x;
    x.n=25;
    f(x);
    printf("x.n=%d\n",x.n);
}
```

【运行结果】

```
m.n=25
x.n=25
```

从运行结果可以看出，参数传递是按值传递，形参和实参是两个不同的共用体，在函数内修改形参的成员的值不影响实参。

如果要让形参的变化影响实参，则需要借助指针类型。此时函数可修改如下：

```
void f(UN *m){
    printf("m->n=%d\n",m->n);
    m->n=4;          // 在函数中修改成员 n 的值
}
```

相应的函数调用改为 f(&x)，则程序的运行结果如下：

```
m->n=25
x.n=4
```

从结果可以看出，形参指向的共用体和实参是一致的，形参内容变化会影响实参。

使用共用体的目的是节省存储空间，随着存储资源越来越丰富，共用体的实际应用会越来越少。

习　题

一、选择题

（1）以下结构体的大小为（　　）个字节。

```
struct C1
{
    char a[10];
    int b;
} ;
```

A. 14　　B. 24　　C. 16　　D. 20

（2）下面结构体数组的定义，错误的是（　　）。

A. struct student

```
{ int num;
  char name[10];
```

```
        };
        struct student stu[10];
```
B. struct student
```
        { int num;
          char name[10];
        } stru[10];
```
C. struct
```
        { int num;
          char name[10];
        } stru[10];
```
D. struct stru[10]
```
        { int num;
          char name[10];
        } ;
```

（3）有以下结构体的说明、变量定义和赋值语句：

```
struct STD
{ char name[10];
    int age;
    char sex;
} s[5],*ps;
ps=&s[0];
```

在 scanf () 函数调用语句中，错误引用结构体变量成员的是（   ）。

A. scanf ("%s", s[0].name);　　　B. scanf ("%d", &s[0].age);

C. scanf ("%c", & (ps->sex));　　　D. scanf ("%d", ps->age);

（4）若有以下定义和语句：

```
union data
{ int i; char c; float f; } x;
int y;
```

则以下语句正确的是（   ）。

A. x=10.5;　　B. x.c=101;　　C. y=x;　　D. printf ("%d\n", x);

（5）若有下列说明与定义：

```
union st
{ int n; char x; double y; } data;
```

下列叙述错误的是（   ）。

A. data 的每个成员的起始地址均相同

B. 变量 data 所占字节数与成员 y 所占字节数相同

C. 程序段 "data.n=5;printf ("%f\n", data.y);" 的输出结果为 5.000000

D. data 可以作为函数的实参

（6）若有语句 "typedef struct s{int k;char h;}T;"，以下叙述正确的是（   ）。

A. 可用 s 定义结构体变量

B. 可用 T 定义结构体变量

C. s 是 struct 型变量

D. T 是 struct s 型变量

（7）以下程序的输出结果是（　　　）。

```
#include<stdio.h>
struct ball
{
    char color[10];
    int dim;
}
main()
{
    struct ball list[2]={{"white",2},{"red",3}};
    printf("%s:%d\n",(list+1)->color,list->dim);
}
```

A. red:2　B. white:2　C. red:3　D. white:3

（8）若有定义语句"type int *T[10]; T a;"，则以下选项中与 a 的定义类型完全相同的是（　　　）。

A. int *a[10];

B. int (*a)[10];

C. int a[10];

D. int (*a[10]) ();

（9）设有定义：

```
struct Complex
{
    double real,unreal;
} data1={1,2},data2;
```

则以下赋值语句错误的是（　　　）。

A. data2={3, 4};

B. data2=data1;

C. data2.real=5;

D. data2.unreal=8.5;

二、写出下列程序的运行结果

程序 1：

```
#include <stdio.h>
main()
{
    enum a{a1=3,a2=1,a3};
    char *str[]={"A","BB","CCC","DDDD"};
    printf("%s%s%s\n",str[a1],str[a2],str[a3]);
}
```

程序 2：

```
#include <stdio.h>
```

```
struct node
{
    int v;
    char c;
};
void f(struct node * x)
{
    x->v=25;
    x->c='a';
}
main()
{
    struct node a={10,'x'};
    f(&a);
    printf("%d,%c\n",a.v,a.c);
}
```

程序 3：

```
#include <stdio.h>
struct st
{
    int num;
    char name[10];
    int age;
}stu[3]={3001,"smith",44,3002,"mary",25,3003,"john",21};
void f(struct st *p)
{
    printf("%s\n",(*p).name);
    printf("%d\n",p->age);
}
main()
{
    f(stu+1);
}
```

三、编程题

（1）有 5 个学生，每个学生有 3 门课程的成绩，从键盘输入学生信息和各门课程的成绩（包括学号、姓名、3 门课程成绩），计算每个学生的总成绩，并按总成绩由高到低的次序输出学生信息和各门课程的成绩。

（2）编写一个 person 结构体，包括人的姓名、性别、年龄、子女等数据成员，其中，子女为一个 person 数组，将 5 个 person 存放到一个结构体数组中。假设，其中某个 person 还有两个子女，自拟实际数据测试该结构体的设计。输出该结构体数组中的所有成员，有子女的同时输出子女的信息。

（3）定义代表日期的结构体，其中含有年、月、日 3 项数据，再定义一个函数，比较两个日期数据的大小，假设时间靠后的日期值更大。运行程序并输入两个日期，测试其比较结果。

第 11 章 文件读 / 写访问

本章知识目标：
- ❑ 掌握文件的基本概念。
- ❑ 掌握文件的打开、关闭、读、写等文件操作函数。
- ❑ 了解将不同数据写入文件或从文件读取的方法。

数据是信息时代宝贵的资源，对数据的存储管理是计算机应用的核心工作。文件是计算机数据处理中常用的数据持久存储的形式。用磁盘文件存储数据，可以方便实现对数据的增、删、改、查管理。本章介绍对文件各种形式的读、写、访问方法。

11.1 文件的相关概念

1. 输入 / 输出设备与文件

前面的学习中已经接触到了一些类型的文件。例如，源程序文件、目标文件、可执行文件、库文件（头文件）等。本章的文件主要是指数据信息的存储文件。每个文件有一个唯一标识，这就是文件名。完整的文件标识包括 3 部分信息：文件路径、文件名和文件扩展名，文件路径表示文件在外部存储设备上的存储位置，包含文件所在磁盘和文件夹路径。

例如，"D:/java/abc.txt" 表示存储在 D 盘 java 文件夹中的名称为 abc，扩展名为 .txt 的文件。

文件通常存储在外部介质（如磁盘等）上，在使用时才调入内存中。从不同的角度文件有不同的分类。从用户的角度来看，文件可以分为普通文件和设备文件两种。

（1）普通文件是指存储在磁盘或其他外部介质上的一个有序数据集，可以是源文件、目标文件、可执行程序；也可以是一组待输入处理的原始数据，或者是一组输出的结果。对于源文件、目标文件、可执行程序可以称为程序文件，对于输入 / 输出数据可以称为数据文件。

（2）设备文件是指与主机相连的各种外部设备，如显示器、打印机、键盘等。在操作系统中，把外部设备也看作一个文件进行管理，把它们的输入、输出等同于对磁盘文件的读和写。

C 语言把所有的设备都当作文件。所以对设备（如显示器）的处理方式与文件相同。以下三个文件会在程序执行时自动打开，以便访问键盘和显示器。

1）标准输入文件：文件指针是 stdin，代表设备是键盘。

2）标准输出文件：文件指针是 stdout，代表设备是显示器。

3）标准错误文件：文件指针是 stderr，代表设备是显示器。

文件指针是访问文件的方式，一般情况下在显示器上显示有关信息就是向标准输出文件。如前面经常使用的 printf () 和 putchar () 函数就是这类输出。

键盘通常被指定为标准输入文件，从键盘上输入就意味着从标准输入文件上输入数据。scanf ()

234	零基础学 C 语言

和 getchar () 函数就属于这类输入。

从文件编码的方式来看，文件可以分为文本文件和二进制文件两种。

● 文本文件：这种文件在磁盘中存放时，每个字符对应 1 个字节，存放字符对应的 ASCII 码。故文本文件也称作字符文件或 ASCII 文件，是字符序列文件。文本文件每行以 "\n" 字符进行换行，整个文件的结束标记字符是 0x1A。

● 二进制文件：把数据对应的二进制形式存储到文件中，是字节序列文件。它是将数据按其在内存中表示的字节信息原样保存到磁盘文件中。

例如，假设对于 int 型的整数，系统按 4 个字节存储，则 152 300 按二进制存储要 4 个字节，如果按 ASCII 码存储，则每个字符 1 个字节，要准备 6 个字节。一般来说，二进制文件存储效率相对高些，而 ASCII 文件则方便基于字符的读 / 写访问。

2. 文件指针

在 C 语言中用一个指针变量指向一个文件，这个指针称为文件指针。通过文件指针就可以对它所指的文件进行各种操作。

文件指针的一般定义形式为

```
FILE * 指针变量标识符 ;
```

其中，FILE 为大写字母，它实际上是由系统定义的一个结构，该结构中含有文件名、文件状态和文件当前位置等信息。在编写程序时不必关心 FILE 结构的细节。

例如，"FILE *fp;" 表示 fp 是指向 FILE 结构的指针变量，习惯上把 fp 称为指向一个文件的指针。通过 fp 即可找到存放某个文件信息的结构变量，然后按结构变量提供的信息找到具体文件，实施对文件的操作。

文件打开时，文件指针指向文件的开始位置，每读取一个内容，文件指针自动移动一定的偏移量，偏移量的多少取决于读取操作的数据所占的字节数，当读到文件的末尾位置时，文件指针指向特殊位置（EOF）。这里，EOF 是头文件 stdio.h 中定义的常量，其值为 -1。

3. 文件的打开

fopen () 函数用来创建一个新文件或打开一个文件，下面是这个函数调用的原型：

```
FILE *fopen(const char * filename,const char * mode) ;
```

其中，filename 是被打开文件的文件名，是字符串常量或字符串数组。mode 是指文件的类型和操作访问模式。文件操作访问模式如表 11-1 所示。

表 11-1　文件操作访问模式

模　　式	描　　述
r	打开一个已有的文本文件，允许读取文件
w	打开一个文本文件，允许写入文件。如果文件不存在，则会创建一个新文件。如果文件存在，则会重新覆盖写入

模　式	描　　述
a	打开一个文本文件，以追加模式写入文件。如果文件不存在，则会创建一个新文件
r+	打开一个文本文件，允许读 / 写文件
w+	打开一个文本文件，允许读 / 写文件。如果文件已经存在，则被截断为零长度；如果文件不存在，则会创建一个新文件
a+	打开一个文本文件，允许读 / 写文件。如果文件不存在，则会创建一个新文件。读取会从文件的开头开始，写入则只能是追加模式

如果处理的是二进制文件，则需使用下面的文件操作访问模式取代上面的文件操作访问模式：rb、wb、ab、rb+、r+b、wb+、w+b、ab+、a+b。

实际应用中根据需要选择某种模式打开文件进行访问。例如，r+、w+、a+ 均为允许读 / 写文件，但具体读 / 写限制和对已存在文件和未存在文件的处理还是有明显差异。

4. 文件的关闭

文件一旦使用完毕，要使用关闭文件函数关闭文件，以避免出现文件的数据丢失等错误。

fclose () 函数调用的一般形式：

```
fclose(文件指针);
```

正常完成关闭文件操作时，fclose () 函数返回值为 0。如果关闭文件时发生错误，函数返回 EOF。

11.2　文件的顺序读 / 写

文件读 / 写是最常用的文件操作。文件的顺序读 / 写是指按文件内容存放的顺序对文件内容进行读 / 写操作。C 语言中提供了多种文件读 / 写的函数。包括字符读函数 fgetc () 和写函数 fputc ()；字符串读函数 fgets () 和写函数 fputs ()；数据块读函数 fread () 和写函数 fwrite ()；格式化读函数 fscanf () 和写函数 fprintf ()。

11.2.1　文件的字符读 / 写操作

1. 从文件读一个字符

fgetc () 函数从文件读一个字符，并将文件内部位置标识前移。该函数的声明如下：

```
int fgetc(FILE * fp);
```

其中，fp 是指向 FILE 对象的指针，函数以无符号 char 型强制转换为 int 型的形式返回读取的字符，如果到达文件末尾或发生读错误，则返回 EOF。

【例 11-1】显示 hello.txt 文件的内容

程序代码如下：

```
#include <stdio.h>
void main()
{
    FILE *fp;
    int c;
    if((fp = fopen("hello.txt","r"))==NULL)
    {
        printf("cannot open file\n");
        exit(0);
    }
    while(1)
    {
        c = fgetc(fp);      // 从文件读字符
        if(feof(fp))        // 读到文件末尾则退出循环
            break;
        printf("%c",c);
    }
    fclose(fp);
}
```

📋 **说明**

文件结束检测函数 feof () 用于判断文件指针是否处于文件结束位置，如果文件结束，则返回值为 1；否则为 0。

2. 将一个字符写入文件

fputc () 函数把参数指定的字符写入指定的文件中，并将文件内部位置标记往前移动一个字符。fputc () 函数的声明如下：

```
int fputc(int char,FILE * fp);
```

其中，char 是要被写入的字符；fp 是指向 FILE 对象的指针。如果正确写入，则返回被写入的字符；如果发生错误，则返回 EOF。

【例 11-2】将从键盘输入的若干字符逐个写入文件中，直到输入"#"号为止

【分析】首先定义一个文件指针变量，并以写方式打开指定的磁盘文件。通过 while 循环，反复从键盘读取字符，直到遇到"#"字符为止，将读取的字符用 fputc () 函数逐个写入文件中，最后关闭文件。

程序代码如下：

```
#include <stdio.h>
void main()
{
    FILE *fp;
    char ch,filename[10];
    printf("Input the filename please: ");
```

```
    scanf("%s",filename);
    fp = fopen(filename,"w");
    printf("Input some chars,end with #: \n");
    ch = getchar();
    while(ch!='#')
    {
        fputc(ch,fp);
        ch = getchar();
    }
    fclose(fp);
}
```

【运行结果】

```
Input the filename please: f1.txt
Input some chars,end with #:
Welcome to ECJTU#
```

📢 **注意**

打开文件选择 w 模式，如果文件不存在，则 C 语言会自动创建文件；如果文件已经存在，则新写入的内容会替换掉文件的原有内容。

【例 11-3】实现两个文本文件的复制

【分析】源文件和目标文件的文件名均从命令行参数获得。

程序代码如下：

```
#include <stdio.h>
void main(int args,char * argv[])
{
    FILE *fp1,*fp2;
    int ch;
    if(args<3){
        printf(" 请提供两个命令行参数 ");
        exit(1);
    }
    if((fp1 = fopen(argv[1],"r"))==NULL)        // 命令行参数 1 为源文件
    {
        printf("cannot open file\n");
        exit(0);
    }
    fp2 = fopen(argv[2],"w");                    // 命令行参数 2 为目标文件
    while((ch=fgetc(fp1))!=EOF)                  // 循环读取字符一直到文件末尾
        fputc(ch,fp2);                           // 将字符写入目标文件
    fclose(fp2);
}
```

说明

> 程序运行时将逐个从源文件读取字符，并将读取到的字符写入目标文件，直到文件末尾（EOF）。对于要进行写操作的文件，最后一定要关闭文件。

【难点辨析】 使用 EOF 判断是否是文件末尾，只适用于文本文件，不能用于二进制文件，二进制文件一定要用 feof () 函数判断文件结束位置。feof () 函数也同样适用于文本文件。

该程序运行时将从命令行参数获取要进行复制操作的源文件和目标文件名。

【例 11-4】 将一个文本文件中的内容简易加密后写入另一个文件中

程序代码如下：

```
#include <stdio.h>
void main()
{
    File *fp1,*fp2;
    int ch;
    fp1 = fopen("source.txt","r");            // 源文件
    fp2 = fopen("another.txt","w");           // 加密后文件
    while((ch=fgetc(fp1))!=EOF)               // 循环读取字符直到文件末尾
        fputc(ch ^ 'A',fp2);                  // 对字符加密处理写入加密文件
    fclose(fp2);
}
```

说明

> 这里采用的加密方法是对文本中的每个字符和字母 A 进行异或运算。解密很简单，只要将目标文件作为新的源文件重新执行程序，这样得到的结果文件就是原始文件。

11.2.2　文件的字符串读 / 写操作

1. 从文件读一个字符串

fgets () 函数的原型：

```
char * fgets(char *s,int size,FILE * fp);
```

功能：从 fp 所指向的文件内，读取若干字符（一行字符串），并在其后自动添加字符串结束标记字符（'\0'）后，存入 s 所指的缓冲内存空间中（s 可以为字符数组名）。假设存放读取内容的缓冲区的大小为 size，则函数读取的字符串最大长度为 size-1，因为缓冲区还需要一个字节存放字符串的结束标记字符。

其中，参数 fp 可以指向磁盘文件或标准输入设备 stdin。读取成功，返回缓冲区地址 s；读取失败，返回 NULL。

【例 11-5】 输出一个文本文件的内容

程序代码如下：

```c
#include "stdio.h"
int main()
{
    FILE *in = fopen("C:/java/x.txt","r");
                            // 文本文件 x.txt 在 C 盘的 java 目录下
    char buf[1024];         // 存放读取数据的缓冲区
    while(fgets(buf,sizeof(buf),in)!= NULL)
    {
        printf("%s",buf);
    }
    fclose(in);
    return 0;
}
```

【难点辨析】这里 buf 的大小为 1024 个字节，也就是说，每次从文件读取的字节数最多为 1023 个。实际上，fgets () 函数是从文件读一行数据，遇到换行符或者 EOF 将结束本次读取操作，换行符也会作为数据内容写入缓冲区，最后会在缓冲区的字符串末尾自动添加一个结束标记字符（'\0'）。所以，显示看到的文本文件内容是按行输出。

【重点提醒】fgets (buf) 和 scanf ("%s", buf) 的一个重要差别是前者会将换行符作为字符串中内容，后者是将换行符作为字符数据的分隔符，不会取用。

2. 将一个字符串写入文件

fputs () 函数的原型：

```c
int fputs(const char *str,FILE *fp);
```

功能：把 str 所指向的字符串，输出到 fp 所指向的文件中。如果输出成功，则返回非负数；如果输出失败，则返回 EOF（-1）。

【例 11-6】输入 / 输出字符串

从键盘输入若干字符串，并存入 D 盘根目录下 file.txt 文件中，然后从该文件中读取所有字符串并输出到显示器上。

程序代码如下：

```c
#include<stdio.h>
#include<stdlib.h>
#define N 2                              // 字符串个数
#define MAX_SIZE 30                      // 字符数组大小，要求每个字符串长度不超过 29
void main()
{
    char file_name[30] = "D:\\file.txt";
    char str[MAX_SIZE];
    FILE *fp;
    int i;
    fp = fopen(file_name,"w+");          // w+ 模式：先写入后读出
    if(NULL==fp)
    {
        printf("Failed to open the file !\n");
```

```
        exit(0);
    }
    printf(" 请输入 %d 个字符串：\n",N);
    for(i=0;i<N;i++)
    {
        printf(" 输入第 %d 个字符串: ",i+1);
        fgets(str,MAX_SIZE,stdin);        // 从键盘输入字符串，存入 str 数组中
        fputs(str,fp);                    // 把 str 数组中字符串输出到 fp 所指向的文件中
    }
    /* 接下来从文件读取内容显示在显示器上 */
    rewind(fp);                           // 把 fp 所指向的文件的读写位置调整为文件开始处
    printf(" 文件内容如下：\n");
    while(fgets(str,MAX_SIZE,fp)!=NULL)
    {
        fputs(str,stdout);                // 把从文件读取到的字符串输出到显示器上
    }
    fclose(fp);
}
```

【运行结果】

请输入 2 个字符串：

字符串 1：How are you!
字符串 2：Good job!

文件内容如下：

How are you!
Good job!

📎 说明

> 程序运行后，在 D 盘根目录下将生成 file.txt 文件，其内容同输出结果完全相同。从本例可以看到，输入文件对象也可以是标准输入设备 stdin，输出文件对象也可以是标准输出设备 stdout。程序中使用的 rewind() 函数是把文件内部的位置指针移到文件首。

【思考】用 fgets() 函数从键盘获取的字符串中，输入的换行符也会作为字符串的内容，因此写入文件中的字符串数据中也含有换行，如果用记事本打开文件可以看到两行内容。

11.2.3　格式化读 / 写文件数据

文件操作中的格式化输入函数 fscanf() 和输出函数 fprintf()，类似于 scanf() 函数和 printf() 函数。通过格式描述灵活处理各种类型的数据，如整型、字符型、浮点型、字符串等。

1. 文件格式化输入函数 fscanf()

文件格式化输入函数 fscanf() 的原型：

```
int fscanf（文件指针，格式控制串，输入地址表列）；
```

功能：从一个文件流中执行格式化输入，当遇到空格或者换行时结束。

📋 **说明**

> 输入成功，返回输入的数据个数；输入失败，或已经读取到文件结尾处，返回 EOF（-1）。一般可以根据该函数的返回值是否为 EOF 判断是否已经读取到文件结尾处。

【例 11-7】从文本文件中获取输入数据

假设 f1.txt 文件中保存了两个整数，整数之间用空格分隔，从文件中读取两个整数，依次保存到两个整型变量中。

程序代码如下：

```
int a,b;
FILE *fp = fopen("D:/f1.txt","r");
if(NULL==fp)
{
    printf("Failed to open the file!\n");
    exit(0);
}
fscanf(fp,"%d%d",&a,&b);           // 从 fp 所指文件读取两个整数保存到变量 a、b 中
fclose(fp);
printf("a=%d,b=%d",a,b);
```

📋 **说明**

> 程序从 D 盘根目录下的 f1.txt 文件中读取数据，假设文件中数据为 12 25，则运行后输出结果如下：
> a=12,b=25

📢 **注意**

> 如果 f1.txt 文件中两个整数用逗号间隔，则 fscanf() 函数的调用格式如下。
> fscanf(fp,"%d,%d",&a,&b);　// 两个 %d 之间也必须用逗号隔开

【例 11-8】轻松查单词

【分析】将中文单词与英文单词的对应关系存储在文件中，运行时先从文件读取数据。如果输入英文单词，则显示中文；如果输入中文单词，则显示英文。例如，输入 student，显示"学生"；输入"教师"，显示 teacher 等。可以利用结构体表示英文单词和中文单词的对应关系，整个单词表可以用一个结构体数组表示。假设文件中每行是一组中英文单词数据。首先将文件中的数据读到结构体数组中，然后，根据用户的输入，在结构体数组中进行查找，首先判断输入是否为中文单词，然后再判断输入是否为英文单词。

程序代码如下：

```c
#include<stdio.h>
#include<string.h>
void main()
{
    typedef struct
    {
        char ch[20];        // 中文单词
        char en[20];        // 英文单词
    } Word;
    Word ws[100];           // 单词表假设最长 100
    int k,n=0;
    char w[20];
    FILE *fp = fopen("file.txt","r");
    /* 以下从文件中读取单词对应关系并将其存放到单词表中 */
    while(!feof(fp))
    {
        fscanf(fp,"%s%s",ws[n].ch,ws[n].en);
        n++;
    }
    printf(" 单词表共有 %d 个单词，请输入要查的单词：",n);
    scanf("%s",w);
    k = 0;
    while(k<n)
    {
        if(strcmp(ws[k].ch,w)==0)
        {
            printf(" 英文单词是：%s\n",ws[k].en);
            break;
        }
        else if(strcmp(ws[k].en,w)==0)
        {
            printf(" 中文单词是：%s\n",ws[k].ch);
            break;
        }
        k++;
    }
    if(k==n)
        printf(" 查无该单词 !\n");
}
```

2. 文件格式化输出函数 fprintf ()

文件格式化输出函数 fprintf () 的原型：

```
int fprintf( 文件指针，格式控制串，输出表列 );
```

功能：把输出表列中的数据按照指定的格式输出到文件中。如果输出成功，则返回输出的字符数；如果输出失败，则返回一个负数。

【例 11-9】在文本文件中写入一个学生的姓名、学号和年龄

程序代码如下：

```c
#include<stdio.h>
#include<stdlib.h>
void main()
{
    FILE *fp = fopen("file.txt","w");
    char name[10] = " 张三 ";
    char no[15] = "20170304007";
    int age = 17;
    if(fp==NULL)
    {
        printf("Failed to open the file !\n");
        exit(0);
    }
    fprintf(fp,"%s\t%s\t%d\n",name,no,age);
    fclose(fp);
}
```

📝 说明

运行程序后，将在工程路径的当前目录下生成 file.txt 文件，文件内容为

张三　　20170304007　　17

【例 11-10】考试系统中编程题的判分处理

在程序设计语言的网络考试中，编程题的判分处理是公认的难点问题。每个学生编程的思路会有差异性，一般来说，只要经得起测试，测试结果正确，就认为程序是对的。编程题中典型的做法是要求用户完成一个函数的内部代码的编写，这样便于在系统中考查用户编程的正确性。一般的做法是按正确代码测试一组数据（输入文件提供），将运行输出结果写入输出文件中，考试系统最后根据用户所编程序的输出结果和标准答案的正确性的比较进行判分。

例如，以下题目要求输入华氏温度（c），求摄氏温度（f）。转换公式为 $c=5/9$ （$f-32$），输出结果保留两位小数。要求用户在 "/***Program***/" 和 "/***end***/" 之间编写程序。对于此题来说，最简单的答案为 "return (5.0/9.0)* (m-32);"。

wwjt () 函数是用来将用户的程序运行结果进行登记处理的函数。它是考试系统用来考查用户编写程序是否正确的一个关键，由于编程题变化性大，依据程序运行结果是否正确进行判分有一定的科学性。wwjt () 函数从输入文件（in.dat）中取得测试输入，将运行结果写入 out.dat 文件中。

程序代码如下：

```c
#include <stdio.h>
void wwjt();
double fun(double m)
{
```

```
    /**********Program**********/

    /********** End **********/
}

void main()
{
    double c,f;
    printf("请输入一个华氏温度: ");
    scanf("%f",&f);
    c = fun(f);
    printf("摄氏温度为: %5.2f\n",c);
    wwjt();
}

void wwjt()
{
    FILE *IN,*OUT;
    int i;
    double iIN,iOUT;
    IN = fopen("in.dat","r");
    if(IN==NULL)
        exit(0);
    OUT = fopen("out.dat","w");
    if(OUT==NULL)
        exit(0);
    for(i=0;i<5;i++)                    // 针对 5 组输入数据进行测试
    {
        fscanf(IN,"%f",&iIN);           // 从 in.dat 文件中读取数据
        iOUT = fun(iIN);                // 获取函数的运行结果
        fprintf(OUT,"%f\n",iOUT);       // 将运行结果写入 out.dat 文件中
    }
    fclose(IN);
    fclose(OUT);
}
```

📝 **说明**

考生只要编写指定部分的代码，其他程序部分不能修改。尤其是 wwjt () 函数，对每道编程题还要针对性地进行修改，不同试题需要给函数提供的输入参数会有差异性。出题时要拟好测试数据存放在 in.dat 文件中，并将正确代码的输出结果登记在标准答案所在文件中。考试系统判分程序会将标准答案与 out. dat 文件中记录的用户程序运行结果进行比较。

11.2.4 文件的字节数据块的读 / 写操作

按字节数据块读 / 写数据的函数 fread () 和 fwrite () 主要用于对二进制文件的读 / 写操作，不建

议在文本文件中使用。fwrite () 函数是将数据按内存缓冲区中的存放形式原样存放到文件中；fread () 函数则是将数据从磁盘上读取到内存缓冲区中。

1. 数据块写入函数 fwrite ()

数据块写入函数 fwrite () 的原型：

```
unsigned fwrite(const void *buf,unsigned size,unsigned count,FILE* fp);
```

功能：将 buf 所指向内存中的 count 个数据块写入 fp 指向的文件中。每个数据块的大小为 size。函数返回实际写入的数据块（非字节）的个数。

该函数的参数介绍如下。

- buf：在参数说明前加 const 的目的是确保 buf 所指的内存空间的数据块在函数的操作过程中不会对其修改。
- size：每个数据块所占的字节数。
- count：预写入的数据块的最大个数。
- fp：文件指针，指向所读取的文件。

📢 **注意**

用 fread () 函数和 fwrite () 函数对文件进行读 / 写操作时，建议以 "二进制模式" 打开文件。

【例 11-11】 将数据块写入文件

以下程序将一个字符串看作一个数据块，通过 fwrite () 函数将其写入文件中。size 就是字符串的存储大小，通过 sizeof () 函数计算得到。

程序代码如下：

```
#include<stdio.h>
void main()
{
    FILE *fp;
    char str[] = "Welcome to Ecjtu!";
    fp = fopen("file.txt","wb");
    fwrite(str,sizeof(str),1,fp);
    fclose(fp);
}
```

📢 **注意**

使用 fwrite () 函数对数据块进行写操作后，通常要调用 fclose () 函数关闭流。

【例 11-12】 将用结构体表示的数据写入文件

用结构体数组可以表示关系数据库中关系表的数据，在实际应用中使用广泛。数组元素对应关系表中的一条存储记录，结构体的每个数据项对应关系表的一个字段。以下程序中定义的结构体

record 包括 name 和 age 两个数据成员。

程序代码如下：

```
#include <stdio.h>
struct record {                      // 定义结构体
    char name[10];
    int age;
};

void main()
{
    struct record array[2];          // 数组元素的类型为结构体 record
    FILE *fp = fopen("recfile","w");
    if(fp == NULL){
        printf(" 打开文件失败 ");
        exit(1);
    }
    strcpy(array[0].name," 张三 ");
    array[0].age=15;
    strcpy(array[1].name," 李四 ");
    array[1].age=18;
    fwrite(array,sizeof(struct record),2,fp);
    fclose(fp);
    printf(" 数据写入完毕！ ");
}
```

说明

用 fwrite () 函数将结构体类型的数组 array 内容保存到文件中，数组的每个元素为一个结构体。这里的数据块就是一个结构体类型的数据，共写入两个数据块。

2. 数据块读取函数 fread ()

数据块读取函数 fread () 的原型：

```
unsigned fread(void *buf,unsigned size,unsigned count,FILE* fp);
```

功能：从 fp 指向的文件中读取 count 个数据块，每个数据块的大小为 size。把读取到的数据块存放到 buf 指针指向的内存空间中。返回实际读取的数据块（非字节）的个数，如果该值比 count 小，则说明已读到文件末尾或有错误产生。这时一般采用函数 feof() 及函数 ferror() 来辅助判断。

该函数的参数介绍如下。

- buf：指向存放数据块的内存空间，该内存可以是数组空间，也可以是动态分配的内存。void 类型指针，可以存放各种类型的数据，包括基本类型及自定义类型等。
- size：每个数据块所占的字节数。
- count：预读取的数据块的最大个数。
- fp：文件指针，指向所读取的文件。

　　在实际应用中，函数 fread () 和函数 fwrite () 经常读 / 写用结构体表示的数据。而且这两个函数是配合使用，用 fread () 函数读取先前用 fwrite () 函数写入文件中的数据。

　　【例 11-13】 从文件读取先前写入的结构体数据

　　程序代码如下：

```
#include <stdio.h>
struct record {                    // 定义结构体
    char name[10];
    int age;
};

void main()
{
    struct record array[2];        // 数组元素的类型为结构体 record
    FILE *fp = fopen("recfile","r");
    if(fp == NULL){
        printf(" 打开文件失败 ");
        exit(1);
    }
    fread(array,sizeof(struct record),2,fp);
    printf("Name1: %s\tAge1: %d\n",array[0].name,array[0].age);
    printf("Name2: %s\tAge2: %d\n",array[1].name,array[1].age);
}
```

【运行结果】

```
Name1: 张三    Age1: 15
Name2: 李四    Age2: 18
```

　　📝 **说明**

　　用 fread () 函数将从文件读取的数据保存到结构体类型的数组 **array** 中，数组的每个元素为一个结构体。

11.3　文件的随机读 / 写操作

　　文件的顺序读 / 写操作每次只能从文件头开始，从前往后依次读 / 写文件中的数据。在实际的程序设计中，有时需要从文件的某个指定位置处开始对文件进行选择性的读 / 写操作，这时需要先把文件的读 / 写位置指针移动到指定处，再进行读 / 写，这种读 / 写方式称为对文件的随机读 / 写操作。

　　实现随机读 / 写的关键是要按要求移动位置指针，这称为文件的定位。C 语言程序中常使用 rewind ()、fseek () 函数移动文件读 / 写位置指针，使用 ftell () 函数获取当前文件读 / 写位置指针。

1. fseek () 函数

函数 fseek () 用来移动文件内部位置指针，函数原型：

```
int fseek(FILE *fp,long offset,int origin);
```

功能：把文件读 / 写指针调整到从 origin 基点开始偏移 offset 处，即把文件读 / 写指针移动到 origin+offset 处。成功返回 0；失败返回 −1。

该函数的参数介绍如下。

（1）origin：读 / 写指针移动的基准点（参考点）。有 3 种常量取值：SEEK_SET、SEEK_CUR 和 SEEK_END，取值依次为 0、1、2。

1）SEEK_SET：文件开头，即第一个有效数据的起始位置。

2）SEEK_CUR：当前位置。

3）SEEK_END：文件结尾，即最后一个有效数据之后的起始位置。

【特别提醒】SEEK_END 处并不能读取到最后一个有效数据，必须前移一个数据块所占的字节数，使该文件流的读 / 写指针到达最后一个有效数据块的起始位置处。

（2）offset 为位置偏移量，是 long 型的值。当 offset 为正整数时，表示从基准点 origin 向后移动 offset 个字节的偏移；当 offset 为负数时，表示从基准点 origin 向前移动 offset 个字节的偏移。当用常量表示位置偏移量时，要求为其加后缀"L"。

例如，若 fp 为文件指针，则 fseek (fp, 10L, SEEK_SET) 把读 / 写指针移到从文件开头向后 10 个字节处。fseek (fp, 10L, SEEK_CUR) 把读 / 写指针移到从当前位置向后 10 个字节处。fseek (fp, −20L, SEEK_END) 把读 / 写指针移到从文件结尾向前 20 个字节处。

【例 11-14】模拟应用日志处理，将从键盘输入的数据写入文件尾部

【分析】从键盘输入若干行信息，最后一行以"$"结尾。在内容从键盘读入的每行信息中添加一个换行符，然后将信息写入文本文件中，这样就可以逐行查看文件内容。

程序代码如下：

```
#include <stdio.h>
#include <string.h>
void main()
{
    char s[80];
    FILE *fp = fopen("log.txt","a+");      // 打开文件支持追加写入
    if(fp==NULL)
        exit(0);
    while(strcmp(gets(s),"$")!=0)          // 从键盘读一行字符串
    {
        fseek(fp,0L,SEEK_END);             // 定位到文件的末尾
        strcat(s,"\n");                    // 添加一个换行符
        fputs(s,fp);                       // 写入数据
    }
    fclose(fp);
}
```

说明

> 由于每次运行写入的数据都在文件末尾，所以文件内容不断增多。将字符串写入文件中，符合文本数据格式，用记事本打开 log.txt 文件可以查看文件内容。

2. rewind () 函数

函数 rewind () 的原型：

```
void rewind(FILE *fp);
```

功能：将文件指针定位到文件开始位置。

说明

> 当文件以追加方式打开时，rewind () 函数对写操作不起作用。

【例 11-15】 模拟应用中用户的访问计数问题

【分析】 将计数值写入文件中，程序每次运行计数值就增加 1，从而达到记录访问计数的效果。文件打开方式采用 r+，这样既可以进行读操作，又可以进行写操作，而且每次打开文件不会破坏先前存储的数据。

程序代码如下：

```
#include <stdio.h>
void main()
{
    int n = 0;
    FILE *fp = fopen("count.txt","r+");        // 可读 / 写文件
    if(fp==NULL)
        fp = fopen("count.txt","w");           // 首次访问要创建文件
    else
        fscanf(fp,"%d",&n);                    // 从文件读取存储的计数值
    n++;                                        // 计数增值
    rewind(fp);
    fprintf(fp,"%d",n);                        // 将新的计数值写入文件中
    fclose(fp);
    printf("n=%d\n",n);
}
```

说明

> 考虑到初始状况下文件不存在的情况，所以用 w 的方式打开文件，这样如果文件不存在就会新建文件。在文件已经存在的情况下，读取文件中记录的计数值，进行计数增值后，使用 rewind () 函数将读 / 写指针调整到文件开头，然后将新的计数结果写入文件中。

3. ftell () 函数

函数 ftell () 的原型：

```
long ftell(FILE *fp);
```

功能：用于获取文件读 / 写指针相对于文件头的偏移字节数。成功，则返回文件指针当前位置；失败，则返回 -1。

习　　题

一、选择题

（1）如果将文件指针 fp 所指位置移至文件末尾，正确的形式是（　　　）。

  A. fseek (fp, 0, 0); B. fseek (fp, 0, 2); C. feof (fp); D. rewind (fp);

（2）在 C 语言中，对文件的存取以（　　　）为单位。

  A. 记录   B. 字节   C. 元素   D. 簇

（3）在 C 语言中，下面对文件的叙述正确的是（　　　）。

  A. 用 r 方式打开的文件只能向文件写数据

  B. 用 r 方式也可以打开文件

  C. 用 w 方式打开的文件只能用于向文件写数据，且该文件可以不存在

  D. 用 a 方式可以打开不存在的文件

（4）在 C 语言中，系统自动定义了 3 个文件指针：stdin、stdout 和 stderr，分别指向终端输入、终端输出和标准错误输出，则函数 fputc (ch, stdout) 的功能是（　　　）。

  A. 从键盘输入一个字符给字符变量 ch

  B. 在显示器上输出字符变量 ch 的值

  C. 将字符变量的值写入文件 stdout 中

  D. 将字符变量 ch 的值赋给 stdout 文件

（5）执行以下程序段：

```
#include <stdio.h>
FILE *fp;
fp=fopen("file","w");
```

则磁盘上生成的文件的全名是（　　　）。

  A. file   B. file.c   C. file.dat   D. file.txt

（6）在 C 语言中若按照数据的格式划分，文件可以分为（　　　）。

  A. 程序文件和数据文件   B. 磁盘文件和设备文件

  C. 二进制文件和文本文件   D. 顺序文件和随机文件

（7）有以下程序：

```
#include <stdio.h>
```

```
main()
{ FILE *fp;      int i;
  char ch[]="abcd",t;
  fp=fopen("abc.dat","wb+");
  for(i=0; i<4; i++)fwrite(&ch[i],1,1,fp);
  fseek(fp,-2L,SEEK_END);
  fread(&t,1,1,fp);
  fclose(fp);
  printf("%c\n",t);
}
```

程序执行后的输出结果是（　　）。

A. d　　　　　　B. c　　　　　　C. b　　　　　　D. a

（8）若 fp 是指向某文件的指针，且读到文件的末尾，则 feof (fp) 的返回值是（　　）。

A. EOF　　　　　B. 0　　　　　　C. 非零值　　　　D. NULL

（9）下列与函数 fseek (fp, 0L, SEEK_SET) 有相同作用的是（　　）。

A. feof (fp)　　　B. ftell (fp)　　　C. rewind (fp)　　D. fgetc (fp)

（10）设有语句"FILE *fp;int x=5; fp=fopen ("file.dat", "w");"，如果将变量 x 的值以文本形式保存到文件 file.dat 中，则以下函数调用正确的是（　　）。

A. fprintf ("%d", x);　　　　　　B. fprintf (fp, "%d", x);

C. fprintf ("%d", x, fp);　　　　　D. fprintf ("out.dat", "%d", x);

（11）设 fp 已定义，执行语句"fp=fopen ("file", "w");"后，以下针对文本文件 file 操作叙述的选项中正确的是（　　）。

A. 写操作结束后可以从头开始读

B. 只能写不能读

C. 可以在原有内容后追加写

D. 可以随意读和写

二、写出下列程序的运行结果

程序 1：

```
#include <stdio.h>
#include <stdlib.h>
void main()
{
   FILE *fp;
   int count=0;
   if((fp = fopen("hello.txt","r"))==NULL)
   {
         printf("cannot open file\n");
         exit(0);
   }
   while(!feof(fp))
   {
```

```
            fgetc(fp);      // 从文件读取字符
            count++;
    }
    printf("count=%d\n",count);
    fclose(fp);
}
```

其中，文件 hello.txt 中的内容为"abc234hello, 45"。

程序 2：

```
#include <stdio.h>
void main()
{
    FILE *fp;
    int i=99;
    fp = fopen("score.dat","w");
    fputs("your score",fp);
    fputc(':',fp);
    fprintf(fp,"%d\n",i);
    fclose(fp);
}
```

程序运行后，文件 score.dat 的内容是（   ）。

三、编程题

（1）从键盘输入若干行字符，将每行字符的内容写入磁盘文件 file.txt 中，如果当前行输入的内容为空，则终止输入。

（2）从键盘输入整数序列，并按从小到大的顺序写到指定文件中，然后再从文件中依次读出并显示在显示器上，显示时要求每行显示 5 个数据。

（3）把文本文件 B 中的内容追加到文本文件 A 的内容之后。例如，文本文件 B 中的内容为"I'm ten."，文本文件 A 中的内容为"I'm a student!"，追加之后文本文件 A 中的内容为"I'm a student! I'm ten."。

（4）编写一个英文打字练习程序，打字的文稿存储在文本文件 file.txt 中，在显示器上显示该文稿，用户按照文稿顺序输入，全部文稿匹配检查完毕，显示用户打字的正确率。要求，已输入的字符不能进行删除，可以用 getche() 函数获取用户输入。

第 12 章　C 语言典型案例分析

在结构化编程中，对于复杂的应用通常要进行模块化划分，采用自顶向下、逐步求精的方式进行细化设计。本章结合典型案例从设计到代码实现的描述，让读者体会如何利用已学知识解决实际应用问题，并为 C 语言的课程设计提供有价值的参考。

12.1　个人通讯录管理系统设计

本应用利用文件存储个人通讯录，为简化代码，在实际通讯录内容中仅选取了姓名和手机号码。通讯录的内容可以动态变化，支持增、删、改、查等常用的操作。考虑到通讯录大小的动态性，利用动态分配内存结合链表进行数据的存储，并保持文件内容与内存数据的同步。初始运行时将装载文件中存放的数据到内存，对数据进行增、删、改变化后立即保存到文件中。该应用涉及的头文件有 4 个，分别为 stdio.h、conio.h、string.h、stdlib.h。

12.1.1　数据结构设计

定义结构体 stu 用来表示联系人的信息，其中除了含有 name（姓名）和 phone（手机号码）两个成员，还有一个指针变量 next，用来链接下一个结构体元素的成员，让所有联系人通过链表链接在一起。并定义一个指针类型的全局变量 head，用来指向链表的首个元素。

程序代码如下：

```
typedef struct contacts        // 定义结构体
{
    char name[20];             // 姓名
    char phone[15];            // 手机号码
    struct contacts *next;     // 下一个联系人的指针
}stu;
stu *head = NULL;
```

12.1.2　各函数的功能介绍

按照功能的模块化，将系统功能设计为若干函数。系统的函数及其调用关系如图 12-1 所示。其中，menu () 函数和 load () 函数是在 main () 主函数的初始执行时调用，完成菜单的显示和文件数据的装载。save () 函数是在数据有变化时将数据保存到文件中，将在增、删、改相关操作的函数中调用。

1. load () 函数

load () 函数的功能是从数据文件 x.dat 中把以前输入的联系人数据导入内存，并建立链表。当文件

不存在，表示系统未录入过数据。如果文件存在，则根据文件中是否有数据决定 head 的指向，如果

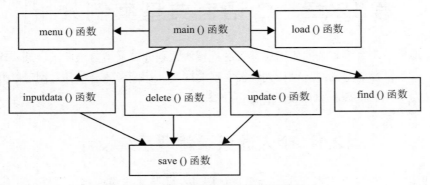

图 12-1　系统的函数及其调用关系

无数据，则 head 继续保持 NULL 值；否则，指向新建链表的首结点。通过循环从文件读取各个联系人的数据，用指针变量 p1 和 p2 来记录相邻两个结点。从文件装载数据建立链表如图 12-2 所示。

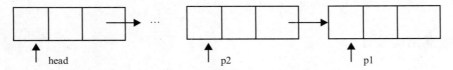

图 12-2　从文件装载数据建立链表

程序代码如下：

```c
/* 从文件装载数据，在系统初始运行时执行 */
void load()
{
    stu *p1,*p2=NULL;
    FILE *fp;
    if((fp=fopen("x.dat","r"))==NULL)     // 文件不存在，就不做任何事
        return;
    p1=(stu *)malloc(sizeof(stu));
    if(!feof(fp))                         // 判断文件中是否有数据
        head=p1;                          // 有数据，则 head 指向首结点
    while(!feof(fp))                      // 循环读取所有条数据
    {
        fscanf(fp,"%s%s\n",p1->name,p1->phone);
        p2=p1;
        p1=(stu *)malloc(sizeof(stu));
        p2->next=p1;
    }
    free(p1);                             // 释放多申请的内存
    p2->next=NULL;                        // 将链表的末尾结点的 next 置成 NULL
}
```

【难点辨析】写入文件时，在每个联系人的数据后面写入一个换行字符，在 fscanf () 函数的格式末尾要添加 "\n" 字符，从而匹配来自文件中每行数据结尾的换行符。

编程时要注意边界条件的处理。

（1）如果判断文件不存在，就函数返回。

```c
if((fp=fopen("x.dat","r"))==NULL)      return;
```

（2）如果文件中没有数据，就不修改 head 指针。

```c
if(!feof(fp))     head=p1;
```

（3）在处理到链表的最后位置时，要释放多申请的内存，并进行链尾标记处理。

```c
free(p1);
p2->next=NULL;
```

2. save() 函数

save () 函数的功能是将所有数据写入文件中。这个函数比较简单，就是通过循环遍历链表的所有元素，写入的数据格式要考虑与读取的配合，数据之间要有间隔，在姓名和手机号码之间插入一个空格，每条联系人的信息末尾写入一个换行符。

程序代码如下：

```c
/* save() 函数保存数据到文件中，在增、删、改记录时均要调用
*/
void save()// 保存数据
{
    stu *p;
    FILE *fp;
    if((fp=fopen("x.dat","w"))==NULL)
    {
        return;
    }
    p=head;
    while(p!=NULL)
    {
        fprintf(fp,"%s %s\n",p->name,p->phone);
        p=p->next;
    }
    fclose(fp);
}
```

3. 主菜单显示函数 menu ()

menu () 函数的功能是显示主菜单。在显示主菜单之前，增加 "system ("cls");" 语句以清除整个控制台的显示。

程序代码如下：

```c
void menu() // 主菜单
{
```

```
    system("cls");
    printf("\n\t\t***************************\n");
    printf("\t\t*  个人通讯录管理系统            *\n");
    printf("\t\t*                              *\n");
    printf("\t\t*   1．输入数据                 *\n");
    printf("\t\t*   2．删除数据                 *\n");
    printf("\t\t*   3．查看数据                 *\n");
    printf("\t\t*   4．修改数据                 *\n");
    printf("\t\t*   5．退出                     *\n");
    printf("\t\t***********************\n");
}
```

4. 输入数据的 inputdata () 函数

inplotdata() 函数的功能是输入数据。该函数是整个应用设计的难点，其中，核心问题是边界条件的处理，新输入的数据要添加到已有链表的后面，这个已有链表有可能是空的（也就是 head 为 NULL）。数据写入文件是在输入 end 时调用 save () 函数来完成的。在处理输入结束时也要关注边界问题，将链表最后一个结点的 next 域置成 NULL。

程序代码如下：

```
void inputdata()                        // 输入数据的函数
{
    stu *p1,*p2=NULL;
    p1=(stu *)malloc(sizeof(stu));
    /* 新输入数据要添加到已有链表的后边 */
    if(head==NULL)
        head=p1;
                                        // 遍历到链表的末尾，将新输入数据加在尾部
    else
    {
        p2=head;
        while(p2->next!=NULL)           // 循环推进到链表的最后一个结点
            p2=p2->next;
        p2->next=p1;                    // 将新结点添加到链表中
    }
    printf("\n 姓名部分输入 end 代表结束 \n");
    while(1)                            // 循环处理后面新增的结点
    {
        printf(" 姓名：");
        scanf("%s",&p1->name);
        if(strcmp(p1->name,"end")==0)   // 输入 end 结束整个函数
        {
            if(p2!=NULL)
                p2->next=NULL;
            free(p1);
            save();                     // 保存数据
            return;
        }
```

```
    else
    {
        printf(" 手机号码：");
        scanf("%s",&p1->phone);
        p2=p1;
        p1=(stu *)malloc(sizeof(stu));
        p2->next=p1;
    }
  }
}
```

5. delete () 函数

delet () 函数的功能是按姓名删除数据。处理删除结点的关键是在查找要删除结点的过程中，记下该结点和它的前面结点。最后要修改链接关系，让前一个结点的 next 域为删除结点的 next 域。删除结点示意图如图 12-3 所示。注意，要先修改链接关系，再释放结点的存储空间，最后把删除处理后的链表数据保存到文件中。

程序代码如下：

```
void delete ()                          // 删除数据
{
    stu *p1,*p2;
    char name[20];                      // 要删除的人的姓名
    printf("\n 请输入要删除的人的姓名：");
    scanf("%s",name);
    p1=head;
    /* 以下通过循环定位到首个满足条件的结点 */
    while(p1!=NULL && strcmp(name,p1->name)!=0)
    {
        p2=p1;
        p1=p1->next;                    // 记下前后两个结点
    }
    if(p1==NULL)
        printf(" 此人不存在 !\n");
    else
    {   p2->next=p1->next;              // 修改链接关系
        free(p1);
        printf(" 删除成功 !\n");
        save();                         // 保存数据
    }
}
```

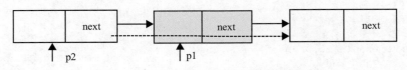

图 12-3　删除结点示意图

6. find () 函数

find () 函数的功能是按姓名查询数据。按姓名查询数据要把同名的数据全部显示出来。同样是通过循环遍历链表，引入一个标记变量 flag 记录是否找到满足条件的联系人。

程序代码如下：

```c
void find(stu *p)                    // 通过姓名查询数据的函数
{
    char name[20];
    int flag=0;                      // 用于标记是否找到联系人
    printf("\n 请输入查找人的姓名：");
    scanf("%s",name);
    while(p!=NULL)
    {
        if(strcmp(name,p->name)==0)
        {
            printf(" 姓名：%s\n",p->name);
            printf(" 手机号码：%s\n",p->phone);
            printf("=========================\n");
            flag=1;
        }
        p=p->next;
    }
    if(flag==0)
        printf("\n 要查找的人不存在！\n");
}
```

【深度思考】查询还可以提供多种形式。例如，分页查询，一页显示 10 条数据，用户可以通过前后翻页的选项选择操作。在联系人的很多情况下，还可以修改系统的数据组织结构，对联系人进行分组，也就是在结构体中增加一个组别的数据项，从而方便查找到联系人。

7. update () 函数

update () 函数的功能是按姓名查询并修改数据。设计修改数据的函数首先是查找到联系人；其次让用户选择要修改的数据项，这里假设每次只能修改一个数据项，修改完毕通过调用 save () 函数来保存数据。

程序代码如下：

```c
void update(stu *p)                  // 通过姓名查询并修改数据
{
    char name[20];
    int flag=0,x;
    printf("\n 请输入将要修改人的姓名：");
    scanf("%s",name);
    while(p!=NULL)
    {
        if(strcmp(name,p->name)==0)
        {
            printf(" 姓名：%s\n",p->name);
```

```
            printf(" 手机号码: %s\t",p->phone);
            printf("\n 请选择要修改的信息 \n");
            printf("\t1. 姓名 \t2. 手机号码 \n");
            printf("\n 你的选择是（1-2）: ");
            scanf("%d",&x);
            printf(" 请输入修改之后的内容 \n");
            switch(x)
            {
            case 1: printf(" 姓名: ");
                scanf("%s",&p->name);
                break;
            case 2:printf(" 手机号码: ");
                scanf("%s",&p->phone);
                break;
            }
            printf("\n 修改成功 !\n");
            save();                  // 保存数据
            flag=1;
        }
        p=p->next;
    }
    if(flag==0)
        printf(" 没有找到该人的资料 !\n");
}
```

8. main () 函数

main () 函数是主函数。在主函数 main () 中，首先调用 system () 函数设置控制台窗体的背景颜色和文字颜色（这里选用的是蓝底白字），读者可以通过修改参数值进行设置，接下来执行 load () 函数装载文件中的历史数据，然后通过无限循环，用户可以在菜单中选择各类操作。

程序代码如下：

```
void main()
{
    int i;
    system("color 9f");              // 十六进制数中的第 1 位用于控制背景颜色，第 2 位用于控制
                                     // 文字颜色
    /* 完成已存储数据的装载 */
    load();
    while(1)
    {
        menu();
        printf(" 请输入选择 <1~5>: ");
        scanf("%d",&i);
        if(i<1||i>5)
        {
            printf(" 输入有误，请在 1~5 中进行选择: ");
            continue;
```

```
        }
    switch(i)
    {
    case 1:
        inputdata();
        break;
    case 2:
        delete();
        break;
    case 3:
        find(head);
        break;
    case 4:
        update(head);
        break;
    case 5:
        exit(0);
    }
    printf(" 按任意键继续 ...");
    getch();
    }
}
```

📝 **说明**

在菜单选择处理中，同样要注意边界条件的判定处理，当输入 1～5 之外的数据时，会输出一个提示，但这个提示可能用户没来得及看到就被清除掉了。在某个操作结束后，考虑到让用户看清楚操作结果，需要显示器维持当前显示，因此，在 main () 主函数的最后位置输出"按任意键继续 ..."，通过 getch () 函数等待用户按键后继续进行菜单选择。

程序的运行界面如图 12-4 所示。

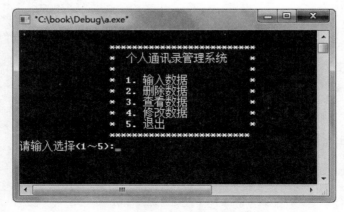

图 12-4　程序的运行界面

12.2　扫雷游戏的设计

12.2.1　数据结构设计

将棋盘的大小定义为常量、雷的个数定义为全局变量，引入一个二维字符型数组 mine 用来记录棋盘上的地雷，有雷的位置置字符 '1'，其他位置置 '0'，考虑到方便边界处理，将数组定得大一些，在实际棋盘内容的基础上行和列均增加 2。二维字符型数组 show 用来存放要显示的当前棋盘局面信息。其中，未知信息区域用"*"号字符显示；已探明的非雷区域分别用"数字字符"（显示周边的地雷数量）和"空白"（周边没有地雷）显示；在探测过程中，如果出现触碰地雷位置用"$"显示。

程序代码如下：

```
#define ROW 10                  // 棋盘行数
#define COL 10                  // 棋盘列数
int   MINE_NUM = 10 ;           // 雷的个数
char mine[ROW + 2][COL + 2];    // 记录地雷的数组
char show[ROW + 2][COL + 2];    // 展示给玩家看棋盘信息的数组
```

12.2.2　各函数的功能介绍

各函数的功能介绍如下。

- main ()：主函数。
- menu ()：显示操作菜单。
- game ()：进行游戏。
- init ()：数组初始化。
- set_mine ()：布雷处理。
- print_show ()：输出棋盘信息。
- get_round_mine ()：获取指定位置的周边地雷数量。
- open_show ()：空白连遍区域的展开显示处理。
- isWin ()：判断是否赢。

各函数之间的调用关系如图 12-5 所示。

1. main () 函数

主函数 main () 通过循环显示操作菜单，让用户选择，如果选择 1，则进入游戏；如果选择 2，则可以设置地雷数量；如果选择 0，则结束应用，其他输入均不会结束。这里有个小技巧，直接取用户的输入值作为循环的条件。

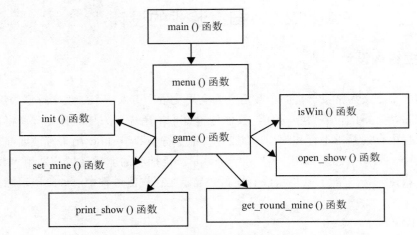

图 12-5　各函数之间的调用关系

程序代码如下：

```
void main()
{
    int input;                          // 存放操作选择值
    srand((unsigned int)time(NULL));
    do
    {
        menu();
        scanf("%d",&input);
        switch(input)
        {
          case 1:
                  game();                // 进行游戏
                  break;
          case 2:
                  printf(" 设置地雷数量: ");
                  scanf("%d",&MINE_NUM);
                  break;
          case 0:
                  break;
          default:
                  printf(" 选择错误, 请重新选择: \n");
                  break;
        }
    } while(input);                      // 输入不是 0 则一直循环
}
```

2. menu () 函数

menu () 函数的功能是显示操作菜单。这里设计的操作菜单很简单，就是开始游戏和退出，进一步的修改可以考虑允许用户设置地雷的数量，从而增大和减小扫雷的难度。

程序代码如下：

```
void menu()                                // 操作菜单
{
   printf("##############################\n");
   printf("####### 1. 开始游戏        #####\n");
   printf("####### 2. 设置地雷数量    #####\n");
   printf("####### 0. 退出            #####\n");
   printf("##############################\n");
}
```

3. game () 函数

game () 函数的功能是进行游戏。game () 函数的设计体现了扫雷游戏的进行过程。该函数具体实现的粗轮廓结构流程图如图 12-6 所示。游戏算法的前面 3 步完成初始化、布雷和打印棋盘，后面是循环进行探雷操作，通过获取用户输入的 x 和 y 值检测相应位置的情况，根据其情况决定接下来的显示。没有踩雷，则看周边地雷数量，周边有地雷，则显示数字值；周边无地雷，则要展开显示连遍的无地雷的区域。然后输出显示棋盘。如果触雷，则在相应位置显示 "$"，换种颜色显示棋盘结果。在循环内，用户每步操作后，还要判断是否赢了，如果赢了，则换另一种颜色显示棋盘信息。

程序代码如下：

```
void game()
{
    init();                              // 数组的初始化
    set_mine(MINE_NUM);                  // 按地雷的数量要求进行布雷
    print_show();                        // 打印棋盘
    while(1)                             // 玩家进行游戏
    {
        int x,y;
        int num;                         // 用来保存周边地雷数量的变量
        printf(" 请输入坐标< x  y >:\n");
        scanf("%d%d",&x,&y);
        if(x < 1 || x>10 || y < 1 || x>10)
        {
            printf(" 输入的坐标有误，请重新输入:\n");
            continue;
        }
         if(mine[x][y] == '0')                           // 没有踩雷
        {
            num = get_round_mine(x,y);
            if(num != 0)
                show[x][y] = num + '0';                  // 周边有地雷显示数字字符
            else                                         // 周边没有地雷
                open_show(x,y);                          // 展开函数（连续展开）
            print_show();                                // 打印棋盘
        }
```

```
        else                                    // 踩雷了
        {
            printf(" 你踩雷了！！！\n");
            show[x][y]='$';                     // 触雷位置显示 "$"
            system("color 3e");                 // 变色
            print_show();                       // 打印棋盘
            break;
        }
        if(isWin())
        {
            system("color 8f");                 // 变色
            printf(" 祝贺，你胜利啦！！！\n");
            break;
        }
    }
}
```

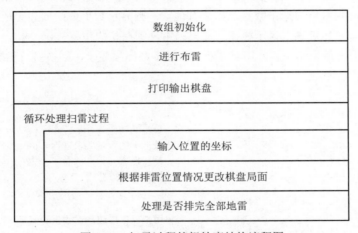

图 12-6　扫雷过程的粗轮廓结构流程图

4. init () 函数

init () 函数的功能是初始化数组。初始化就是将两个数组的所有元素赋初值，数组 mine 的所有元素均赋初值 '0'，数组 show 的所有元素均赋初值 '*'。

程序代码如下：

```
void init()
{
    int i,j;
    for(i=0;i<=ROW+1;i++)
        for(j=0;j<=COL+1;j++)
        {
            mine[i][j]='0';
```

```
            show[i][j]='*';
        }
}
```

5. set_mine () 函数

set_mine () 函数的功能是布雷处理。利用随机数确定布雷位置。如果相应位置为空，则布雷，循环处理，直到布好指定数量的地雷。

程序代码如下：

```
void set_mine(int mineNumber)      // 布雷
{
    while(mineNumber)
    {
        int x = rand()% ROW + 1;
        int y = rand()% COL + 1;
        if(mine[x][y] == '0')
        {
            mine[x][y] = '1';
            mineNumber--;
        }
    }
}
```

6. print_show () 函数

print_show 变量的功能是输出棋盘信息。在棋盘的输出信息中，不仅包括棋盘的横坐标和纵坐标的信息，还包括棋盘上显示内容的信息，具体输出信息见代码中的注释说明，以及图 12-7 所示的效果。

程序代码如下：

```
void print_show()                          // 打印棋盘
{
    int i,j;
    // 以下输出棋盘的纵坐标信息
    printf("  ");
    for(i = 1; i <= ROW; i++)
        printf("%2d",i);
    printf("\n");
    // 以下输出一排横线
    printf("--");
    for(i = 0; i < COL; i++)
        printf("--");
    printf("\n");
    // 以下输出整个棋盘和横坐标信息
    for(i = 1; i <= ROW; i++)
    {
        printf("%2d",i);                    // 横坐标信息
        for(j = 1; j <= COL; j++)           // 第 i 行的棋盘内容
```

```
        printf("%2c",show[i][j]);
    printf("\n");
    }
    printf("\n");
}
```

函数的输出显示效果如图 12-7 所示。

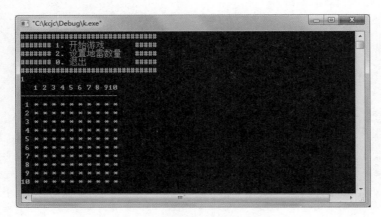

图 12-7　函数的输出显示效果

7. get_round_mine () 函数

get_round_mine () 函数功能是获取指定位置周边的地雷数量。周边共有 8 个位置，由于在设计数组时将数组的大小设置为比实际棋盘扩大了一格，所以，即使是棋盘边界的地方也有元素。每个位置有无地雷用数字字符 '1' 和 '0' 标注，所以，将周边元素值进行累加后要减去 "8*'0'"，结果得到的就是周边地雷的数量。

程序代码如下：

```
int get_round_mine(int x,int y)                 // 获取 x, y 处周边地雷的数量
{
    return mine[x - 1][y - 1] + mine[x - 1][y] +
           mine[x - 1][y + 1] + mine[x][y + 1] +
           mine[x + 1][y + 1] + mine[x + 1][y] +
           mine[x + 1][y - 1] + mine[x][y - 1] - 8 * '0';
}
```

8. open_show () 函数

open_show () 函数的功能是展开显示毗邻的空白区域。该函数是扫雷软件设计中最难的地方，函数的核心是要将毗邻的空白区域的信息显示出来。这个区域是以数字标注作为边界，可以将查找空白连遍区域的过程称为展开处理过程，整个展开处理过程实际上就是设置展开区域的数组 show 的元素值。展开的条件是当前位置不是地雷且当前位置显示星号 "*"（代表该位置没有处理过）。当考虑某个位置时，如果其周边地雷数量大于 0，则说明该位置是展开区域的边界，只需在此位置

标注周边地雷数量；否则，就是周边无地雷的位置，则说明该位置是展开区域的内部，要将该位置标记为空白（设置成空白的位置以后不会再处理），同时要对其周边位置的元素递归调用展开函数进行处理。使用递归使毗邻的空白区域的展开操作变得简单化。

　　程序代码如下：

```
void open_show(int x,int y)                                    // 展开函数
{
    if(x>=1 && x<=10 && y>=1 && y<=10 && mine[x][y]!=1 && show[x][y]=='*')
    {
        if(get_round_mine(x,y)> 0)
            show[x][y] = get_round_mine(x,y)+ '0';             // 标注周边地雷的数量
        else
        {
            show[x][y] = ' ';                                  // 该位置设置为空白
            open_show( x - 1,y - 1);                           // 递归处理周边位置
            open_show( x - 1,y);
            open_show( x - 1,y + 1);
            open_show( x,y + 1);
            open_show( x,y - 1);
            open_show( x + 1,y - 1);
            open_show( x + 1,y);
            open_show( x + 1,y + 1);
        }
    }
}
```

展开显示的效果如图 12-8 所示。

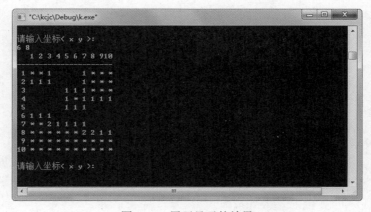

图 12-8　展开显示的效果

9. isWin () 函数

　　isWin () 函数的功能是判断扫雷是否会赢。函数思想就是检查整个数组 show，如果剩余的 "*" 号数量等于地雷个数，则说明剩下的全部是地雷，你赢了。

程序代码如下：

```
int isWin()                              // 判断是否赢
{
    int count = MINE_NUM;
    int i,j;
    for(i = 1; i <= ROW; i++)
      for(j = 1; j <= COL; j++)
          if(show[i][j] == '*')
            count--;
    if(count == 0)                       // 地雷全部被找到
      return 1;
    else
      return 0;
}
```

附录 A C 语言课程设计题目

题目 1：文件内容的加密与解密

采用移位加密方法将文件的内容（仅限于英文字母）以字符形式读出，根据密钥（用户从键盘输入）将对应字符进行移位操作即可，解密时移动相反。

加密：假设原文为 abcdef，密钥为 5，则将 abcdef 每个字母按字母表顺序向后移动 5 个字母（注：z 后接 a）可以得到密文（乱码）fghijkl。

解密：密文为 fghijkl，密钥为 5，则将 fghijkl 每个字母按字母表顺序向前移动 5 个字母（注：a 后接 z），可以得到原文 abcdef。

设计应用菜单：（1）文件加密；（2）文件解密；（3）显示文件内容；（4）退出。

备注：加密和解密以及文件名由用户按提示输入。

题目 2：设计同学通讯录

将通讯录保存到文件中，实现以下功能。

（1）通讯录的编辑、添加和删除。

（2）按姓名进行查找，如果输入"*"，则列出所有通讯录名单。

（3）对已经存在的通讯录按姓名进行排序。

备注：通讯录至少应该包括姓名、地址、电话号码、QQ。

题目 3：学生成绩管理系统

系统以菜单方式工作，实现以下功能。

（1）成绩的管理（添加、删除、排序）。

（2）成绩的统计（最高分、最低分、平均分、及格率等）。

（3）按学号、姓名或课程名称查询成绩。

备注：成绩记录包括学号、姓名及 4 门课程成绩（百分制）。

题目 4：图书信息管理系统

图书信息用文件保存，系统以菜单方式工作，实现以下功能。

（1）图书信息的录入。

（2）图书信息的浏览。

（3）图书信息的查询和排序。

备注：图书信息包括书名、作者名、分类号、出版单位、出版时间、价格等。

题目 5：简易小学生数学测试系统

系统以菜单方式让用户选择，实现以下功能。

（1）进行 100 以内的加法测试，自动出题。

（2）进行 10 以内的乘法测试，自动出题。

（3）通过文件记录参与系统测试的用户的最高得分，对超过和持平记录给予鼓励提示。

题目 6：人与计算机对拿火柴的游戏

利用随机函数产生 20～50 根火柴，由人与计算机轮流拿，每次拿的数量不超过 3 根，拿到最后 1 根为胜者，先拿者随机决定。设计应用菜单，功能如下：

（1）设置功能。可以设置火柴范围，最多限拿数量。

（2）开始游戏。

（3）退出游戏。

题目 7：猴子出圈游戏

n 只猴子要选大王，选举方法如下：所有猴子按 1、2、…、n 编号并按照顺序围成一圈，从第 k 个猴子起，由 1 开始报数，报到 m 时，该猴子就跳出圈外，下一只猴子再次由 1 开始报数，如此循环，直到圈内剩下 1 只猴子时，这只猴子就是大王。

输入数据：猴子总数 n，起始报数的猴子的编号 k，出局数字 m。

输出数据：猴子的出队序列和猴子大王的编号。

要求动态展示猴子的出圈过程，列出圈中剩余的猴子。

题目 8：扑克牌的洗牌和分牌程序

编写一个程序实现扑克牌的洗牌算法。将 52 张扑克牌（不包括大小王）按东、南、西、北分发。每张扑克牌用一个对象代表，其属性包括扑克牌的花色和名称。其中，花色用一个字符表示：S 代表黑桃，D 代表方块，H 代表红桃，C 代表梅花。通过枚举类型定义扑克牌的名称和排列顺序。例如，黑桃 A 的花色为 S，名称为 _A。红桃 2 的花色为 H，名称为 _2。输出要让每个方位得到的扑克牌按 C、D、H、S 以及扑克牌名称的大小排列顺序。

题目 9：英文文章的文本统计处理

设有一篇英文文章，存储在一个文本文件中，实现以下功能。

（1）显示整篇文章。

（2）找出文章中所有单词。

（3）统计并输出每个单词的出现次数。

（4）能进行单词的替换操作。例如，将文章中所有 the 改成 The。

题目 10：轻松中英文单词翻译

输入英文显示中文，输入中文则显示英文。例如，输入 student，显示"学生"，输入 teacher，则显示"教师"。将中文单词与英文单词的对应关系存储在文件中，运行时先从文件读取数据。注意，新增的单词映射补充写入文件已有内容的后面。设计应用菜单，功能如下：

（1）添加补充单词映射。

（2）单词翻译。

（3）退出。

题目 11：猜数游戏

利用随机函数产生 100 以内的一个整数，给用户 5 次猜的机会，猜对给出"你真厉害！"的提示，每次猜错，则看猜错次数是否在 5 次内，如果是，则根据情况显示"错，大了或者小了，继续"；否则显示"错，没机会了！"。

设计应用菜单，功能如下。

（1）可以设置随机数的数据范围（默认 100），设置猜的次数（默认 5 次）。

（2）开始猜数。

（3）退出游戏。

题目 12：运动会比赛计分系统

从文件读取比赛项目和排名前 6 位的学院简称，假设第 1 名得 14 分，第 2 名得 7 分，第 3 名得 5 分，第 4 名得 3 分，第 5 名得 2 分，第 6 名得 1 分。要求：

（1）计算并显示各学院的总计分榜（按总分由高到低次序排序）。

（2）显示某个比赛项目的学院排名情况（通过自动产生的菜单选择比赛项目）。

题目 13：年历显示

系统以菜单方式提供以下功能。

（1）输入年份，显示该年的年历信息。

（2）输入年、月，显示该月的天数。

（3）输入年、月、日，显示距离今天的天数。

题目 14：绘制函数曲线并求函数在某区间的积分

绘制 $\sin(x)$ 在 $-180°\sim180°$ 的函数曲线，并求函数在 $0°\sim90°$ 的积分值。

题目 15：三子棋游戏

利用菜单方式显示三子棋的当前局面，界面中显示行列坐标位置信息，没有下棋子的地方为空，下棋子的地方分别显示 '0' 字符和 'X' 字符。操作时输入自己下棋子的坐标位置信息，包括行和列两个值。对弈结束后显示胜者或填满方格平局。计算机智能确定下棋子的坐标位置。每局由随机数决定谁先走。

题目 16：矩阵的各类运算

随机产生两个元素值在 10 以内的矩阵 A（3 行 4 列）、B（4 行 4 列），利用菜单方式显示矩阵操作的一些功能。

（1）计算矩阵 $A\times B$。

（2）计算矩阵 A 的转置。

（3）计算矩阵 A 所有元素中的最大值。

（4）计算矩阵 B 的主对角线元素之和。

题目 17：对各种排序算法的执行时间进行比较测试

利用随机函数产生一批数据给一个含 1000 个元素的一维数组赋值，分别用冒泡法、选择法、交换法验证排序花费时间的差异，调整元素个数，如 100 或 1000，观察程序运行时间的变化。

要求：以制表对齐格式显示各种排序花费时间的对比。

题目 18：改进扫雷游戏的功能

改进项目包括界面、显示内容、算法的响应速度等。例如，在触雷时显示全部地雷的分布，并将当前触雷位置特殊显示等。

题目 19：实现人民币的大写表示与阿拉伯数字形式表示的互相转换

支持将百亿以内的正整数转换为人民币金额大写表示。例如，35 201 转换为"叁万伍仟贰佰零壹"，30 201 转换为"叁万零贰佰零壹"，30 001 转换为"叁万零壹"，31 000 转换为"叁万壹仟"，12 002 3201 转换为"壹亿贰仟零贰万叁仟贰佰零壹"，120 020 001 转换为"壹亿贰仟零贰万零壹"，100 000 001 转换为"壹亿零壹"。设计菜单，支持两者之间的转换。

附录 B　C 语言常用的库函数

　　库函数并不是 C 语言的一部分，它是由编译系统根据一般用户的需要编制并提供给用户使用的一组程序。每一种 C 语言编译系统都提供一批库函数，不同的编译系统所提供的库函数的数目和函数名以及函数功能并不完全相同。ANSI 的 C 语言标准提供了一批标准库函数。它包括了目前多数 C 语言编译系统所提供的库函数，但也有一些是某些 C 语言编译系统未曾实现的。考虑到通用性，本附录列出 ANSI C 建议的常用库函数。

　　由于 C 语言库函数的种类和数目很多。例如，还有显示器和图形函数、时间日期函数、与系统有关的函数等，每一类函数又包括各种功能的函数，限于篇幅，本附录不能介绍全部库函数，只能从教学需要的角度列出最基本的。读者可以根据需要，查阅有关系统的函数使用手册。

1. 数学函数（头文件为 math.h）

函 数 原 型	功　　能
double cos (double x)	计算 cos (x) 的值，其中 x 的单位为弧度
double cosh (double x)	计算 x 的双曲余弦 cosh (x) 的值
double exp (double x)	求 e^x 的值
double fabs (double x)	求实型 x 的绝对值
double log (double x)	求 lnx 的值
double fmod (double x, double y)	返回 x 除以 y 的余数
double log10 (double x)	求 $\log_{10}x$ 的值
double pow (double x, double y)	返回 x 的 y 次幂
double sin (double x)	求 sin (x) 的值，其中 x 的单位为弧度
double sinh (double x)	返回 x 的双曲正弦
double tan (double x)	计算 tan (x) 的值，其中 x 的单位为弧度
double atan (double x)	返回以弧度表示的 x 的反正切
double tanh (double x)	返回 x 的双曲正切
double sqrt (double x)	结果为 x 的平方根
double ceil (double x)	取上整，返回不比 x 小的最小整数
double floor (double x)	取下整，返回不比 x 大的最大整数，即高斯函数 [x]

2. 字符函数（头文件为 ctype.h）

函 数 原 型	功　能
int isalnum (int ch)	检查 ch 是否为字母或数字，是字母或数字返回 1；否则返回 0
int isalnum (int ch)	检查 ch 是否为字母或数字，是字母或数字返回 1；否则返回 0
int isalpha (int ch)	检查 ch 是否为字母，是字母返回 1；否则返回 0
int isdigit (int ch)	检查 ch 是否为数字（0～9），是数字返回 1；否则返回 0
int islower (int ch)	检查 ch 是否为小写字母（a～z），是小写字母返回非 0；否则返回 0
int isspace (int ch)	检查 ch 是否为空格、跳格符（制表符）或换行符，是其中一项返回 1；否则返回 0
int isupper (int ch)	检查 ch 是否为大写字母（A～Z），是大写字母返回 1；否则返回 0
int isxdigit (int ch)	检查 ch 是否为一个十六进制的数据，是十六进制的数据返回 1；否则返回 0
int tolower (int ch)	将 ch 字符转换为小写字母，返回 ch 对应的小写字母
int toupper (int ch)	将 ch 字符转换为大写字母，返回 ch 对应的大写字母
int isascii (int ch)	测试参数是否是 ASCII 码 0～127，是 ASCII 码返回非 0；否则返回 0

3. 字符串函数（头文件为 string.h）

函 数 原 型	功　能
void memchr (const void *buf, char ch, unsigned count)	在 buf 的前 count 个字符中搜索字符 ch 首次出现的位置，返回位置指针。若没有找到 ch，返回 NULL
int memcmp (const void *buf1, const void *buf2, unsigned count)	比较由 buf1 和 buf2 指向的数组的前 count 个字符，若 buf1<buf2，返回负数；若 buf1=buf2，返回 0；若 buf1>buf2，返回正数
void *memcpy (void *to, const void *from, unsigned count)	将 from 指向的数组中的前 count 个字符复制到 to 指向的数组中。from 和 to 指向的数组不允许重叠，返回指向 to 的指针
void *memmove (void *to, const void *from, unsigned count)	将 from 指向的数组中的前 count 个字符复制到 to 指向的数组中。from 和 to 指向的数组不允许重叠，返回指向 to 的指针
void *memset (void *buf, char ch, unsigned count)	将字符 ch 复制到 buf 指向的数组的前 count 个字符中，复制成功，返回 buf
char *strcat (char *str1, const char *str2)	把字符串 str2 接到 str1 后面，取消原来 str1 最后面的字符串结束标记字符 '\0'，返回 str1
char *strchr (const char *str, int ch)	找出 str 指向的字符串中第一次出现字符 ch 的位置，返回指向该位置的指针，如果找不到，则应返回 NULL
int *strcmp (const char *str1, const char *str2)	比较字符串 str1 和 str2，若 str1<str2，返回负数；若 str1=str2，返回 0；若 str1>str2，返回正数
char *strcpy (char *str1, char *str2)	把 str2 指向的字符串复制到 str1 中，返回 str1
unsigned int strlen (char *str)	统计字符串 str 中字符的个数（不包括结束标记字符 '\0'）

函 数 原 型	功　　能
char *strncat (char *str1, char *str2, unsigned count)	把字符串 str2 指向的字符串中最多 count 个字符连到字符串 str1 后面，并以 NULL 结尾，返回 str1
int strncmp (const char *str1, const char *str2, unsigned count)	比较字符串 str1 和 str2 中最多前 count 个字符，若 str1<str2，返回负数；若 str1=str2，返回 0；若 str1>str2，返回正数
char *strncpy (char *str1, const char *str2, unsigned count)	把 str2 指向的字符串中最多前 count 个字符复制到字符串 str1 中，返回 str1
void *strset (void *buf, char ch)	将 buf 所指向的字符串中的全部字符都变为字符 ch，返回 buf
size_t strlen (const char *str)	计算字符串 str 的长度，不包括结束标记字符
char *strstr (const char *str1, const char *str2)	寻找 str2 指向的字符串在 str1 指向的字符串中首次出现的位置，返回 str2 指向的字符串首次出现的地址；否则返回 NULL
size_t strspn (const char *str1, const char *str2)	检索字符串 str1 中第 1 个不在字符串 str2 中出现的字符的下标
char *strpbrk (const char *str1, const char *str2)	检索字符串 str1 中第 1 个匹配字符串 str2 中字符的字符，不包含空结束标记字符。返回该字符位置
char *strrchr (const char *str, char c)	在字符串 str 中查找指定字符 c 的最后一个出现位置
char *strrev (char *str)	将参数字符串转置
char *strtok (char *str, const char *delim)	分解字符串 str 为一组字符串，delim 为分隔符

4. 输入 / 输出函数（头文件为 stdio.h）

函 数 原 型	功　　能
void clearerr (FILE *fp)	清除文件指针的错误指示器
int close (int fp)	关闭文件（非 ANSI 标准），关闭成功，返回 0；不成功，返回 −1
int creat (char *filename, int mode)	以 mode 所指定的方式建立文件（非 ANSI 标准），成功返回正数；否则返回 −1
int eof (int fp)	判断 fp 所指向的文件是否结束，文件结束返回 1；否则返回 0
int fclose (FILE *fp)	关闭 fp 所指向的文件，释放文件缓冲区，关闭成功，返回 0；不成功，返回非 0
int feof (FILE *fp)	检查文件指针是否到达文件结尾，到达文件结尾返回非 0；否则返回 0
int ferror (FILE *fp)	测试 fp 所指向的文件是否有错误，无错返回 0；否则返回非 0
char *fgets (char *buf, int n, FILE *fp)	从 fp 所指向的文件读取一个长度为（n-1）的字符串，存入起始地址为 buf 的空间，返回地址 buf。若遇文件结束或出错，则返回 EOF
int fgetc (FILE *fp)	从 fp 所指向的文件中取得下一个字符，返回所得到的字符。出错则返回 EOF

续表

函 数 原 型	功　能
FILE *fopen (char *filename, char *mode)	以 mode 所指定的方式打开名为 filename 的文件，成功，则返回一个文件指针；否则返回 0
int fprintf (FILE *fp, char *format, args, ...)	把 args 的值以 format 所指定的格式输出到 fp 所指向的文件中实际输出的字符数
int fputc (char ch, FILE *fp)	将字符 ch 输出到 fp 所指向的文件中，若成功，则返回该字符；若出错，则返回 EOF
int fputs (char str, FILE *fp)	将 str 所指向的字符串输出到 fp 所指向的文件中，若成功，则返回 0；若出错，则返回 EOF
int fread (char *pt, unsigned size, unsigned n, FILE *fp)	从 fp 所指向的文件中读取长度为 size 的 n 个数据项，存到 pt 所指向的内存区域，返回所读的数据项个数，若文件结束或出错，则返回 0
int fscanf (FILE *fp, char *format, args, ...)	从 fp 所指向的文件中按指定的 format 格式将读入的数据送到 args 所指向的内存变量中（args 是指针），以输入的数据个数
int fseek (FILE *fp, long offset, int base)	将 fp 所指向的文件的位置指针移到 base 所指出的位置为基准、以 offset 为位置偏移量的位置，返回当前位置；否则返回 −1
long ftell (FILE *fp)	返回 fp 所指向的文件中的读 / 写位置，返回文件中的读 / 写位置；否则返回 0
int fwrite (char *ptr, unsigned size, unsigned n, FILE *fp)	把 ptr 所指向的 n*size 个字节输出到 fp 所指向的文件中，返回写到 fp 文件中的数据项的个数
int getc (FILE *fp)	从 fp 所指向的文件中读下一个字符，返回读出的字符，若文件出错或结束，则返回 EOF
int getchar ()	从标准输入设备中读取下一个字符，返回字符，若文件出错或结束，则返回 −1
char *gets (char *str)	从标准输入设备中读取字符串存入 str 指向的数组，成功返回 str；否则返回 NULL
int open (char *filename, int mode)	以 mode 所指定的方式打开已经存在的名为 filename 的文件（非 ANSI 标准），返回文件号（正数），若打开失败，则返回 −1
int printf (char *format, args, ...)	在 format 所指向的字符串的控制下，将输出列表 args 的值输出到标准输出设备，输出字符的个数。若出错，则返回负数
int prtc (int ch, FILE *fp)	把一个字符 ch 输出到 fp 所指向的文件中，输出字符 ch，若出错，则返回 EOF
int putchar (char ch)	把字符 ch 输出到 fp 标准输出设备，返回换行符，若失败，则返回 EOF
int puts (char *str)	把 str 所指向的字符串输出到标准输出设备，将 '\0' 转换为回车行，返回换行符，若失败，则返回 EOF
int putw (int w, FILE *fp)	将一个整数 w（即一个字）写到 fp 所指向的文件中（非 ANSI 标准）返回读出的整数，若文件出错或结束，则返回 EOF

函 数 原 型	功　能
int read (int fd, char *buf, unsigned count)	从文件号 fd 所指向的文件中读出 count 个字节到由 buf 指示的缓冲区中（非 ANSI 标准），返回真正读出的字节个数，若文件结束，则返回 0；出错返回 −1
int remove (char *fname)	删除以 fname 为文件名的文件，成功返回 0；出错返回 −1
int remove (char *oname, char *nname)	把 oname 所指向的文件名改为由 nname 所指向的文件名，成功返回 0；出错返回 −1
void rewind (FILE *fp)	将 fp 所指向的文件指针置于文件头，并清除文件结束标记和错误标记
int scanf (char *format, args, ...)	从标准输入设备按 format 所指定的格式字符串规定的格式，输入数据给 args 所指示的单元（args 为指针），返回结果为读入并赋给 args 的数据个数。若文件结束，则返回 EOF；若出错，则返回 0
int write (int fd, char *buf, unsigned count)	从 buf 所指示的缓冲区输出 count 个字符到 fd 所指向的文件中（非 ANSI 标准），返回实际写入的字节数，若出错，则返回 −1

5. 其他实用函数（头文件为 stdlib.h）

函 数 原 型	功　能
void *calloc (unsigned n, unsigned size)	分配 n 个数据项的内存连续空间，每个数据项的大小为 size，返回分配内存单元的起始地址。如不成功，返回 0
void free (void *p)	释放指针 p 所指内存区
void *malloc (unsigned size)	分配 size 字节的内存区，返回内存区起始地址，若内存不够，则返回 0
void *realloc (void *p, unsigned size)	将 p 所指向的已分配的内存区的大小改为 size。返回指向该内存区的指针。若重新分配失败，则返回 NULL
void exit (int status)	中止程序运行。status 为返回给父进程的状态值
char *itoa (int n, char *str, int radix)	将整数 n 的值按照 radix 进制转换为等价的字符串，并将结果存入 str 所指向的字符串中，返回一个指向 str 的指针
char *ltoa (long n, char *str, int radix)	将长整数 n 的值按照 radix 进制转换为等价的字符串，并将结果存入 str 所指向的字符串中，返回一个指向 str 的指针
int rand (void)	产生 0~32767 的随机整数（0~0x7fff）
void srand (unsigned int seed)	播种由函数 rand () 使用的随机数发生器。也称初始化随机数种子
int putenv (const char *name)	将字符串 name 增加到 DOS 环境变量中，返回 0 代表操作成功；返回 −1 代表操作失败
double atof (char *str)	将 str 所指向的字符串转换为一个 double 型的值
int atoi (char *str)	将 str 所指向的字符串转换为一个 int 型的值
long atol (char *str)	将 str 所指向的字符串转换为一个 long 型的值
int abs (int num)	计算整数 num 的绝对值
long labs (long num)	计算 long 型整数 num 的绝对值

参考文献

[1] 范萍 . C 语言程序设计基础实验教程 [M]. 北京：电子工业出版社，2019.

[2] 雷莉霞 . C 语言程序设计基础教程 [M]. 北京：电子工业出版社，2019.

[3] 朱鸣华，刘旭麟，杨微 . C 语言程序设计教程 [M]. 4 版 . 北京：机械工业出版社，2019.